"十二五"职业教育国家规划教材 修订版
经全国职业教育教材审定委员会审定

普通高等教育"十一五"国家级规划教材

电子产品工艺
第4版

主　编　李　水

副主编　陈　强

参　编　侯　爽

机械工业出版社

本书是"十二五"职业教育国家规划教材、普通高等教育"十一五"国家级规划教材的修订版，是为高职高专电子信息类专业编写的电子工艺基础教材。

内容包括：常用电子元器件、印制电路板的设计与制作、焊接工艺、电子产品的防护与电磁兼容、整机装配工艺、电子产品的调试与检验。本书详细介绍了新型元器件、印制电路板先进的可制造性设计、航天电子电气产品手工焊接工艺、自主产品音频功率放大器的调试方法和 ISO 9001：2015 系列新标准等。

本书以加强实践能力的培养为目标，考虑到电子工艺的发展，突出新工艺和实用性，兼顾基础知识，概念清楚、重点明确，在内容的编排上充分考虑了教学的需求。本书也可供相关工程技术人员参考。

为方便教学，本书备有免费电子课件、习题参考答案和模拟试卷，凡选用本书作为授课教材的教师，均可来电索取，咨询电话：010-88379375，或登录 www.cmpedu.com 网站，注册后免费下载。

图书在版编目（CIP）数据

电子产品工艺 / 李水主编 . —4 版 . —北京：机械工业出版社，2024.4（2025.6 重印）

"十二五"职业教育国家规划教材　普通高等教育"十一五"国家级规划教材

ISBN 978-7-111-75465-7

Ⅰ . ①电… 　Ⅱ . ①李… 　Ⅲ . ①电子产品 – 生产工艺 – 高等职业教育 – 教材 　Ⅳ . ① TN05

中国国家版本馆 CIP 数据核字（2024）第 061989 号

机械工业出版社（北京市百万庄大街 22 号　邮政编码 100037）
策划编辑：冯睿娟　　　　　责任编辑：冯睿娟　赵晓峰
责任校对：樊钟英　薄萌钰　封面设计：马若濛
责任印制：李　昂
涿州市殷润文化传播有限公司印刷
2025 年 6 月第 4 版第 2 次印刷
184mm×260mm · 13.25 印张 · 316 千字
标准书号：ISBN 978-7-111-75465-7
定价：45.00 元

电话服务　　　　　　　　网络服务
客服电话：010-88361066　机 工 官 网：www.cmpbook.com
　　　　　010-88379833　机 工 官 博：weibo.com/cmp1952
　　　　　010-68326294　金 书 网：www.golden-book.com
封底无防伪标均为盗版　机工教育服务网：www.cmpedu.com

前言

　　本书为"十二五"职业教育国家规划教材的修订版，在修订过程中，融合了电子组装工艺技术的发展和编者多年的教学经验。根据党的二十大报告中"推进职普融通、产教融合、科教融汇，优化职业教育类型定位"的要求，教材内容依据职业要求编写，重视实践和实训教学环节，突出"做中学、做中教"的职业教育教学特色，强化教育教学实践性和职业性，促进学以致用、用以促学、学用相长。

　　第一章加入电感器电感量的识别；去掉不常用的电声器件、声表面波滤波器，加入常用传感器，以拓展学生的视野。

　　第二章改动较大，去掉手工制作印制电路板，根据当前技术发展的需要，增加了先进的可制造性设计，缩短产品开发周期，保证更高质量，节约开发成本。

　　第三章第三节中，讲解焊接操作方法时，以实物为例增加焊接步骤的图，焊接前的准备、焊接方法按照航天电子电气产品手工焊接工艺技术要求进行。第五节中，按照生产线生产流程修订再流焊、波峰焊工艺，并增加返修工作站的介绍，去掉不常用的浸焊技术。

　　第五章的第三节中将编制 R-218T 调频调幅收音机工艺文件换成编制蓝牙混音功率放大器工艺文件。

　　第六章的第一节以 AMP-V195 型蓝牙调音功放为例进行调试举例；更换原 ISO 9000：2008 版标准为最新的 ISO 9001：2015，使读者能了解到 ISO 9000 标准的最新发展动向。

　　本教材的第 4 版仍然保持前三版简洁明了、经济实用的特点，在当今电子产品快速发展的时代，是一本合适的教科书。

　　本书中有些元器件符号及电路图采用的是 Altium Designer Summer 09 软件的符号标准，与国家标准不符，特提请读者注意。

　　本教材由北京信息职业技术学院李水主编，陈强副主编，侯爽参加编写。具体编写分工如下：陈强编写了第一、二、五章，侯爽编写了第六章整机调试举例部分，并提供蓝牙调音功率放大器的相关图样，李水编写了第三、四章和第六章的其他部分，李水和陈强负责全书的统稿工作。

　　由于编者水平有限，书中难免有错误和不妥之处，恳请读者批评指正。

编　者

二维码清单

名称	图形	页码	名称	图形	页码
电子工艺技术基础知识		1	电容器 1		9
电阻器 1		2	电容器 2		9
电阻器 2		3	电容器 3		10
电阻器 3		3	SMT 元器件 – 电容器		11
电阻器 4		3	电感器		12
电位器		5	SMT 元器件 – 电感器		14
SMT 元器件 – 电阻器 1		6	半导体器件		15
SMT 元器件 – 电阻器 2		6	SMT 分立器件		22

（续）

名称	图形	页码	名称	图形	页码
集成电路		23	焊接的基础知识		80
集成电路的封装		25	无铅钎料		83
SMD 集成电路		26	手工焊接方法		87
光电器件 1		28	无铅焊剂		99
光电器件 2		28	波峰焊		102
PCB 的种类和组成		36	再流焊		105
PCB 的干扰及抑制		42	表面安装技术		115
原理图绘制流程		50	电子产品的防护与防腐		122
PCB 设计流程		59	电子产品的散热		124

（续）

名称	图形	页码	名称	图形	页码
电子产品的防振		126	电子产品的调试		168
电子产品的电磁兼容性 –1		126	静态电压的测试		170
电子产品的电磁兼容性 –2		126	动态波形的测试		171
电子产品的静电防护		130	对地电阻的测试		173
导线的加工		135	电子产品的检验		184
元器件引脚的加工		136	电子产品的质量管理 –1		190
工艺文件的编制方法		144	电子产品的质量管理 –2		190
电子产品装配工艺要求和过程		148			

目录

第一章　常用电子元器件

电子元器件是在电路中具有独立电气功能的基本单元。电子元器件在各类电子产品中占有重要地位，特别是一些通用电子元器件，更是电子产品中必不可少的基本材料。熟悉和掌握各类电子元器件的性能、特点和使用方法等，对电子产品的设计、制造起着十分重要的作用。

电子工艺技术
基础知识

当前我国已是世界第一大电子元器件生产国，拥有超万家的相关企业，大部分产品产销量均居全球领先地位。这不仅有赖于我国电子信息产业的快速发展，还得益于国产化进程的加速。

第一节　电阻器和电位器

一、电阻器的种类

电阻器通常称为电阻，是一种应用非常广泛的电子元件，它具有稳定和调节电路中电压和电流的功能。

电阻器的种类繁多，按其材料可分为碳膜电阻、金属膜电阻和线绕电阻，按用途可分为通用电阻、精密电阻，按引出线的不同可分为轴向引线电阻、无引线电阻。常见电阻器的外形和电路符号如图 1-1 和图 1-2 所示。

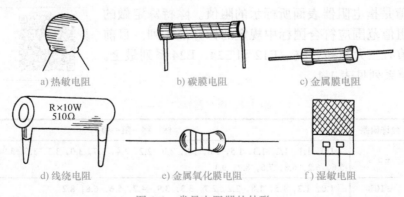

a) 热敏电阻　　　　b) 碳膜电阻　　　　c) 金属膜电阻

d) 线绕电阻　　　　e) 金属氧化膜电阻　　　　f) 湿敏电阻

图 1-1　常见电阻器的外形

下面重点介绍五种常用电阻器的结构、特点及应用。

（1）碳膜电阻 碳膜电阻是最早、最广泛使用的电阻。它是由碳沉积在瓷质基体上制成的，通过改变碳膜的厚度或长度，可以得到不同的阻值。其主要特点是高频特性比较好、价格低，但精度差，广泛用于收录机、电视机等电子产品中。

（2）金属膜电阻 金属膜电阻是在真空条件下，在瓷质基体上沉积一层合金粉制成的。通过改变金属膜的厚度或长度，可以得到不同的阻值。其主要特点是耐高温，当环境温度升高后，其阻值变化与碳膜电阻相比较小；另外其高频特性好、精度高，常用于精密仪表等高档设备中。

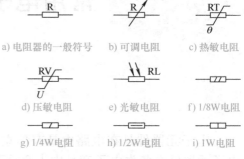

a) 电阻器的一般符号　　b) 可调电阻　　c) 热敏电阻
d) 压敏电阻　　e) 光敏电阻　　f) 1/8W电阻
g) 1/4W电阻　　h) 1/2W电阻　　i) 1W电阻

图 1-2　常见电阻器的电路符号

（3）线绕电阻 线绕电阻是用康铜丝或锰铜丝缠绕在绝缘骨架上制成的。它有很多优点，耐高温、噪声小、精度高、功率大，但其高频特性差，这主要是由于其分布电感较大。它广泛用于低频的精密仪表中。

（4）保险电阻 保险电阻具有双重功能，在正常情况下具有普通电阻的电气特性，但一旦电路中电压升高、电流变大或某个元器件损坏，保险电阻就会在规定的时间内熔断，从而达到保护其他元器件的目的。

（5）NTC、PTC 热敏电阻 负温度系数（Negative Temperature Coefficient，NTC）热敏电阻是一种具有负温度系数的热敏元件，其阻值随温度升高而减小，可用于稳定电路的工作点。正温度系数（Positive Temperature Coefficient，PTC）热敏电阻是一种具有正温度系数的热敏元件。在达到某一特定温度前，阻值随温度升高而缓慢升高，当超过这个温度时，其阻值急剧增大。这个特定温度点称为居里点。PTC 热敏电阻的居里点可通过改变其材料中各成分的比例来改变。PTC 热敏电阻广泛用于家电产品中，如彩电的消磁电阻、电饭煲的温控器等。

二、电阻器的主要技术参数

（一）标称阻值及允许偏差

标称阻值是指电阻器表面所标示的阻值。除特殊定做的电阻以外，阻值范围应符合国标中规定的标称值系列。目前电阻器标称值有三大系列：E6、E12 和 E24，E24 系列最全。电阻器标称值系列见表 1-1。

电阻器 1

表 1-1　电阻器标称值系列

标称值系列	允许偏差	标　称　阻　值
E24	±5%	1.0, 1.1, 1.2, 1.3, 1.5, 1.6, 1.8, 2.0, 2.2, 2.4, 2.7, 3.0, 3.3, 3.6, 3.9, 4.3, 4.7, 5.1, 5.6, 6.2, 6.8, 7.5, 8.2, 9.1
E12	±10%	1.0, 1.2, 1.5, 1.8, 2.2, 2.7, 3.3, 3.9, 4.7, 5.6, 6.8, 8.2
E6	±20%	1.0, 1.5, 2.2, 3.3, 4.7, 6.8

注：表中阻值可乘以 10^n，其中 n 为正整数或负整数。

标称阻值往往与其实际阻值有一定偏差，这个偏差与标称阻值的百分比叫作电阻器的允许偏差。允许偏差越小，电阻器精度越高。

电阻器 2

1. 单位

电阻的单位是欧姆，用 Ω 表示。除欧姆外，还有千欧（kΩ）和兆欧（MΩ），使用时应遵循以下原则：若用 R 表示电阻的阻值，则 $R<1000\Omega$ 时用 Ω 表示，$1000\Omega \leqslant R<1000k\Omega$ 时用 kΩ 表示，$R \geqslant 1000k\Omega$ 时用 MΩ 表示。

电阻器 3

2. 阻值的表示方法

（1）直标法 直接用数字表示电阻器的阻值和允许偏差，例如电阻器上印有 "68kΩ ± 5%"，表示其阻值为 68kΩ，允许偏差为 ±5%。

电阻器 4

（2）文字符号法 用数字和文字符号或两者有规律的组合来表示电阻器的阻值。文字符号 Ω、k、M 前面的数字表示阻值的整数部分，文字符号后面的数字表示阻值的小数部分，例如 2k7 表示其阻值为 2.7kΩ。

（3）色标法 用不同颜色的色环表示电阻器的阻值和允许偏差。常见的色环电阻有四环电阻和五环电阻两种，四环电阻和五环电阻的色环颜色与数值对照表分别见表 1-2 和表 1-3，其中五环电阻属于精密电阻。

表 1-2 四环电阻的色环颜色与数值对照表

色环颜色	第一色环	第二色环	第三色环	第四色环
	第一位数	第二位数	倍率	允许偏差
棕	1	1	$\times 10$	± 1%
红	2	2	$\times 10^2$	± 2%
橙	3	3	$\times 10^3$	
黄	4	4	$\times 10^4$	
绿	5	5	$\times 10^5$	± 0.5%
蓝	6	6	$\times 10^6$	± 0.25%
紫	7	7	$\times 10^7$	± 0.1%
灰	8	8	$\times 10^8$	± 0.05%
白	9	9	$\times 10^9$	
黑		0	$\times 10^0$	
金			$\times 10^{-1}$	± 5%
银			$\times 10^{-2}$	± 10%

表 1-3 五环电阻的色环颜色与数值对照表

色环颜色	第一色环	第二色环	第三色环	第四色环	第五色环
	第一位数	第二位数	第三位数	倍率	允许偏差
棕	1	1	1	$\times 10$	± 1%

（续）

色环颜色	第一色环	第二色环	第三色环	第四色环	第五色环
	第一位数	第二位数	第三位数	倍率	允许偏差
红	2	2	2	$\times 10^2$	$\pm 2\%$
橙	3	3	3	$\times 10^3$	
黄	4	4	4	$\times 10^4$	
绿	5	5	5	$\times 10^5$	$\pm 0.5\%$
蓝	6	6	6	$\times 10^6$	$\pm 0.25\%$
紫	7	7	7	$\times 10^7$	$\pm 0.1\%$
灰	8	8	8	$\times 10^8$	$\pm 0.05\%$
白	9	9	9	$\times 10^9$	
黑		0	0	$\times 10^0$	
金				$\times 10^{-1}$	$\pm 5\%$
银				$\times 10^{-2}$	

色标法示例如图 1-3 所示。

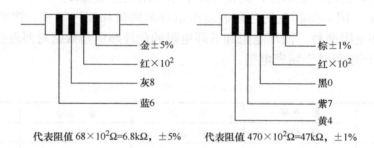

代表阻值 $68 \times 10^2 \Omega = 6.8 k\Omega$，$\pm 5\%$　　代表阻值 $470 \times 10^2 \Omega = 47 k\Omega$，$\pm 1\%$

图 1-3　色标法示例

在实际中，读取色环电阻阻值时应注意以下三点。

1）熟记表 1-2 和表 1-3 中色环颜色与数值的对应关系。

2）找出色环电阻的第一环，方法有：

① 靠近引出端最近的一环为第一环。

② 四环电阻多以金色作为允许偏差环（第四色环），五环电阻多以棕色作为允许偏差环（第五色环）。

3）若色环电阻标记不清或个人辨色能力差，则只能用万用表测量。

（4）数码法　数码法是用三位数码表示电阻的标称阻值。数码从左到右，前两位是有效值，第三位是乘数，即表示在前两位有效值后所加 0 的个数。例如，152 表示在 15 的后面加两个 0，即 1500Ω（$1.5 k\Omega$）。此种方法在贴片电阻中使用较多。

（二）额定功率

电阻长时间工作时所允许加的最大功率称为额定功率。电阻器的额定功率通常有 1/8W、1/4W、1/2W、1W、2W、5W 和 10W 等。大功率电阻器在安装时应与电路板留有一定距离，以利于散热。

三、电阻器的正确使用

电阻器在使用时应遵循以下原则:

1. 按用途选择电阻器的种类

对于一般档次的电子产品,选用碳膜电阻就可满足要求;对于环境较恶劣的地方或精密仪器,应选用金属膜电阻。

2. 正确选择阻值和允许偏差

对于一般电路,选用允许偏差为 ±5% 的电阻器即可;对于精密仪器,应选用高精度的电阻器。

3. 选择额定功率

为保证电阻器可靠耐用,其额定功率应是实际功率的 2 ～ 3 倍。

四、电位器

电位器是一种阻值可以连续调节的电阻器。在电子产品中,经常用它进行阻值、电位的调节。例如,在收录机中用它控制音调、音量,在电视机中用它调节亮度、对比度等。

电位器

(一)电位器的种类

电位器的种类很多,形状各异,按材料可分为合成碳膜电位器、金属氧化膜电位器等,按照调节方式可分为直滑式电位器和旋转式电位器,按结构特点可分为抽头式电位器、带开关的电位器等。常见电位器的外形如图1-4所示。

a) 线绕电位器　　　b) 碳膜电位器　　c) 合成碳膜电位器

d) 实芯电位器　　e) 单联电位器　　f) 双联电位器　　g) 多圈电位器

图 1-4　常见电位器的外形

(二)电位器的性能参数

1. 电位器的阻值

电位器的阻值即电位器的标称阻值,是指其两固定端间的阻值。电位器的电路符号如图 1-5 所示，其中 a、b 为电位器的固定端，c 为电位器的滑动端。调节 c 的位置可以改变 ac 或 bc 间的阻值，但是不管怎样调节，阻值总是遵循以下原则：$R_{ab}=R_{ac}+R_{bc}$。

2. 阻值的变化规律

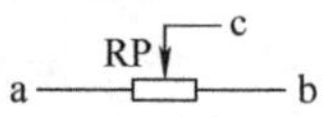

电位器的阻值变化规律有三种：直线式（X）、指数式（Z）和对数式

（D）。直线式电位器适用于需要电阻值均匀变化的场合，如分压电路；指数式电位器适应于人耳听觉特性，多用在音量控制电路中；对数式电位器在开始转动时阻值变化很大，在转角接近最大阻值一端时阻值变化比较缓慢，多用在音调控制和对比度调节电路中。

图 1-5　电位器的电路符号

（三）电位器的质量判别

电位器在使用过程中，由于旋转频繁而容易发生故障，具体表现为噪声大、声音时大时小和电源开关失灵等。可用万用表来检查电位器的质量，方法如下。

1）测量电位器 a、b 端的总阻值是否符合标称阻值。把表笔分别接在 a、b 之间，看万用表读数是否与标称阻值一致。

2）查滑动端。把表笔分别接在 a、c 或 b、c 之间，慢慢转动电位器，阻值应连续变大或变小，若有跳动则说明电位器接触不良；测量各端子与外壳及轴之间的绝缘电阻是否为无穷大；若电位器带有开关，还应检测开关的好坏。

五、表面安装电阻器

随着电子科学理论的发展，工艺技术的改进，以及电子产品体积的微型化，电子元器件的性能和可靠性的进一步提高，电子元器件呈现向小、轻、薄发展的趋势，出现了表面安装技术（Surface Mount Technology，SMT）。

SMT 元器件 - 电阻器 1

SMT 元器件 - 电阻器 2

SMT 是包括表面安装器件（SMD）、表面安装元件（SMC）、表面安装集成电路（SMIC）、表面安装印制电路板（SMB）及点胶、涂膏、表面安装设备、焊接和在线测试等在内的一套完整工艺技术的统称。SMT 发展的重要基础是 SMD 和 SMC。

表面安装元器件（又称片式元器件）包括电阻器、电容器、电感器和半导体器件等，它具有体积小、重量轻、安装密度高、可靠性高、抗震性能好及易于实现自动化等特点。表面安装元器件在计算机、手机、iPad（苹果平板电脑）和 DVD（数字通用光碟）等电子产品中已大量使用。

1. 表面安装电阻器的种类

表面安装电阻器按封装外形可分为片状和圆柱状两种，按制造工艺可分为厚膜型（RN 型）和薄膜型（RK 型）两种。片状表面安装电阻器一般是用厚膜工艺制作的。在一个高纯度氧化铝（Al_2O_3，96%）基底平面上网印二氧化钌（RuO_2）电阻浆来制作电阻膜，改变电阻浆的成分或配比，就能得到不同的阻值，也可以通过激光在电阻膜上刻槽微调阻值，然后再印刷玻璃浆覆盖电阻膜，并烧结成釉保护膜，最后把基片两端做成焊端，图 1-6 所示为片状表面安装电阻器结构示意图。

　　圆柱状表面安装电阻器如图 1-7 所示，可以用薄膜工艺来制作。在高铝陶瓷基柱表面溅射镍铬合金膜或碳膜，通过在膜上刻槽调整阻值，两端压上金属焊端，再涂覆耐热漆形成保护层并印上色环标志。圆柱状表面安装电阻器主要有碳膜、金属膜和跨接用的 0Ω 电阻器三种。

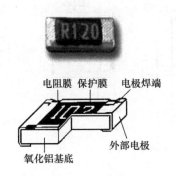

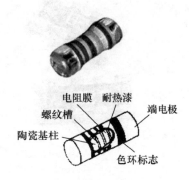

图 1-6　片状表面安装电阻器结构示意图　　　　图 1-7　圆柱状表面安装电阻器

2. 外形尺寸

　　表面安装电阻器是根据其外形尺寸的大小划分的，欧美产品大多采用英制系列，日本产品大多采用公制系列，在我国这两种系列都可以使用。无论哪种系列，系列型号的前两位数字表示元件的长度，后两位数字表示元件的宽度。例如，公制系列 2012（英制 0805）的矩形片状电阻，长 L=2.0mm（0.08in），宽 W=1.2mm（0.05in）。此外，系列型号的发展变化也反映了 SMC 的小型化进程：5750（2220）→4532（1812）→3225（1210）→3216（1206）→2520（1008）→2012（0805）→1608（0603）→1005（0402）→0603（0201）→0402（01005）。

3. 标称阻值的标注

　　圆柱状表面安装电阻器的阻值标注一般采用色标法，阻值的识别与有引线电阻一样。片状表面安装电阻器的阻值标注采用数码法，当片状表面安装电阻器的阻值允许偏差为 ±5% 时，若阻值大于 10Ω，则采用三位数字表示，前两位是有效数字，第三位表示在前两位有效数字后添加 0 的个数；若阻值小于 10Ω，则在两个数字之间补加 "R"，例如 3R6 表示 3.6Ω，跨接线记为 000。当片状表面安装电阻器的允许偏差为 ±1% 时，若阻值大于 10Ω，则采用四位数字表示，前三位数字是有效数字，第四位表示在前三位有效数字后添加 0 的个数，例如电阻表面标识为 "1002"，表示其阻值是 100 后面添加两个 0，即 10000（10k）；若阻值小于 10Ω，则仍在第二位补加 "R"；若阻值为 100Ω，则在第四位补 "0"，例如 4.7Ω 记为 4R70，100Ω 记为 1000，1MΩ 记为 1004，10Ω 记为 10R0。

　　另一种是在料盘上的标注，例如 RC05K103JT，其中左起两位 RC 为产品代号，表示矩形片状电阻，左起第三、四位 05 表示型号（0805），第五位表示电阻温度系数，K 为 ±250ppm/℃（$10^{-5}℃^{-1}$），左起第六到八位表示阻值，如 103 表示阻值为 10kΩ，左起第九位表示允许偏差，如 J 为 ±5%，最后一位表示包装，T 为编带包装。

4. 电阻排

　　电阻排也称电阻网络或集成电阻，它是将多个参数与性能一致的电阻，按预定的配

置要求连接后置于一个组装体内的电阻网络。图 1-8 所示为 8P4R（8 引脚 4 电阻）3216
系列表面安装电阻排的外形与尺寸。

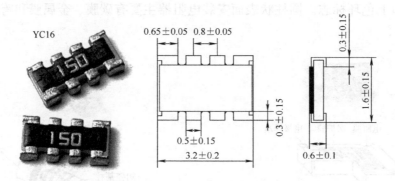

图 1-8　3216 系列表面安装电阻排的外形与尺寸

六、表面安装电位器

表面安装电位器又称片式电位器，是一种可连续调节的可变电阻器，其形状有片状、
圆柱状、扁平矩形等，它在电路中起到调节分电路电压和分电路电阻的作用，标称阻值范
围在 $100\Omega \sim 1M\Omega$ 之间，允许偏差为 $\pm 25\%$，额定功耗系列为 0.05W、0.1W、0.125W、
0.2W、0.25W 和 0.5W。

表面安装电位器主要采用玻璃釉作为电阻体材料，其特点是体积小，一般为
$4mm \times 5mm \times 2.5mm$；重量轻，仅 $0.1 \sim 0.2g$；高频特性好，使用频率可超过 100MHz；
阻值范围宽，为 $10\Omega \sim 2M\Omega$；额定功率有 1/20W、1/10W 和 1/8W 等几种。

表面安装电位器有四种不同的外形结构，分别是：敞开式、防尘式、微调式和全密封式。

（1）敞开式电位器　敞开式电位器如图 1-9a 所示，无外壳保护，灰尘和潮气易进入
产品，对性能有一定影响，但价格低廉。敞开式电位器仅适用于再流焊工艺，不适用于贴
片波峰焊工艺。

（2）防尘式电位器　防尘式电位器如图 1-9b 所示，有外壳或护罩，灰尘和潮气不易
进入产品，性能好，多用于投资类电子整机和高档消费类电子产品中。

（3）微调式电位器　微调式电位器如图 1-9c 所示，属精细调节型，性能好，但价格
昂贵，多用于投资类电子整机中。

（4）全密封式电位器　全密封式电位器如图 1-9d 所示，其特点是调节方便、可靠、
寿命长。

a) 敞开式电位器　　　　b) 防尘式电位器　　　　c) 微调式电位器　　　　d) 全密封式电位器

图 1-9　表面安装电位器

第二节　电容器

电容器是通过在两个金属电极中间夹一层绝缘材料（介质）构成的，它是一种储存电能的元件，在电路中具有交流耦合、旁路、滤波和信号调谐等作用，电容器通常称为电容。

电容器 1

电容器 2

一、电容器的分类

电容器按结构可分为固定电容、可变电容和微调电容，按介质可分为空气介质电容、固体介质（云母、陶瓷、涤纶等）电容和电解电容，按有无极性可分为有极性电容和无极性电容。常见电容器的外形和电路符号如图 1-10 和图 1-11 所示。

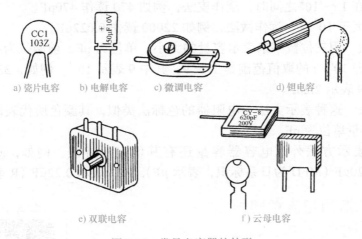

a) 瓷片电容　　b) 电解电容　　c) 微调电容　　　　d) 钽电容

e) 双联电容　　　　　f) 云母电容

图 1-10　常见电容器的外形

a) 电容器的一般符号　b) 电解电容　c) 可变电容　d) 微调电容　e) 双联电容

图 1-11　常见电容器的电路符号

二、电容器的参数与标识方法

1. 电容器容量

电容器的容量是指电容器加上电压后储存电荷能力的大小，用 C 表示，它的基本单位是法拉（F），由于法拉这个单位太大，因而常用的单位有微法（μF）、纳法（nF）和皮法（pF），其中

$$1μF=10^{-6}F\quad 1nF=10^{-9}F\quad 1pF=10^{-12}F$$

2. 额定工作电压

额定工作电压又称耐压，是指在允许的环境温度范围内，电容器可连续长期施加的

最大电压有效值。它一般直接标注在电容器的外壳上，使用电容器时绝不允许电路的工作电压超过电容器的耐压，否则电容器就会击穿。

3. 电容器容量的标识方法

电容器容量的标识方法主要有直标法、数码法和色标法三种，下面分别加以介绍。

（1）直标法　将电容器的容量、允许偏差和耐压直接标注在电容器的外壳上，其中允许偏差一般用字母来表示。常见的表示允许偏差的字母有 F（±1%）、G（±2%）、J（±5%）和 K（±10%）等，例如：

　47nJ100　　　表示 47nF 或 0.047μF，允许偏差为 ±5%，耐压为 100V

　100　　　　　表示 100pF

　0.039　　　　表示 0.039μF

当电容器所标容量没有单位时，可参考以下原则读其容量：

1）当容量在 $1 \sim 10^4$ 之间时，读作皮法，例如 470 读作 470pF。

2）当容量大于 10^4 时，读作微法，例如 22000 读作 0.022μF。

（2）数码法　用三位数字来表示容量的大小，单位为 pF。前两位为有效数字，第三位表示倍率 i，即 10^i，i 的取值范围是 $1 \sim 9$，其中 9 表示 10^{-1}。例如，333 表示 33000pF 或 0.033μF，229 表示 2.2pF。

（3）色标法　这种表示方法与电阻器的色标法类似，其颜色所代表的数字与色环电阻完全一致，容量单位为 pF。

除了以上表示方法外，电容器容量还有其他表示方法。例如，.01 表示 0.01μF，220MFD 表示 220μF（MFD 为日系标识，表示 μF），R22 表示 0.22μF（R 表示小数点）。

三、电容器的选用与质量判别

1. 电容器的合理选用

电容器3

电容器的种类繁多，性能指标各异，合理选用电容器对产品设计来讲十分重要。要求不高的电路通常可选用低频陶瓷电容，要求较高的中高频、音频电路可选用涤纶电容或聚苯乙烯电容，高频电路一般选用高频陶瓷电容或高频云母电容，电源滤波、退耦、旁路电路可选用铝电解电容或钽电解电容。

2. 电容器的质量判别

（1）指针式万用表测量　指针式万用表用于对电容器的漏电情况进行检测。容量在 $1 \sim 100$μF 内的电容器用 $R \times 1k$ 档检测，容量大于 100μF 的电容器用 $R \times 10$ 档检测，具体方法如下：将万用表两表笔分别接在电容器的两端，指针应先向右摆动，然后回到"∞"位置附近。表笔对调重复上述过程，若指针距"∞"处很近或指在"∞"位置上，则说明漏电电阻大，电容器性能好；若指针距"∞"处较远，则说明漏电电阻小，电容器性能差；若指针在"0"处始终不动，则说明电容器内部短路。对于 5000pF 以下的小容量电容器，由于容量小、充电时间快、充电电流小，用万用表的高阻值档也看不出指针摆动，可借助电容表直接测量其容量。

（2）数字式万用表测量　使用数字式万用表测量电容器时，将万用表置于电容档，根据容量的大小选择适当档位，待测电容器充分放电后，将待测电容器直接插到测试孔内或用两表笔分别直接接触待测电容器进行测量。数字式万用表的显示屏上将直接显示出待测电容器的容量。若显示的数值等于或十分接近标称容量，则说明该电容器正常；若显示的数值与标称容量相差过大，则查看该电容器的标称容量是否在万用表的测试范围之内，如果超出万用表的测量范围，可更换有适当量程的万用表后再进行测量，若还是相差过大，则说明待测电容器已变质，不能再使用；若显示的数值远小于标称容量，则说明待测电容器已损坏。

四、片式电容器

片式电容器大约有 80% 是多层陶瓷电容，其次是铝电解电容和钽电解电容，有机薄膜电容和云母电容很少。

（一）多层陶瓷电容

SMT 元器件 – 电容器

多层陶瓷电容（MLCC）是在单层盘状电容的基础上构成的，电极深入电容器内部，并与陶瓷介质相互交错。MLCC 通常是无引脚矩形结构，其外形标准与表面安装电阻器大致相同，采用长 × 宽表示。

MLCC 所用介质有 COG、X7R、Z5V 等多种类型，它们有不同的容量范围和温度稳定性，以 COG 为介质的电容器温度特性较好。

MLCC 外层电极与表面安装电阻器相同，也是三层结构，即 Ag–Ni/Cd–Sn/Pb（银 – 镍 / 镉 – 锡 / 铅），其外形和结构如图 1-12 所示。

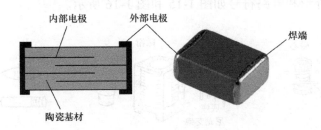

图 1-12　MLCC 的外形和结构

（二）电解电容

常见的片式电解电容器有铝电解电容和钽电解电容两种。

1. 铝电解电容

铝电解电容容量和耐压的范围比较大，因此做成贴片形式比较困难，一般是异形。该电容主要应用于各种消费类电子产品中，价格低廉。按照外形和封装材料的不同，铝电解电容可分为矩形（树脂封装）和圆柱形（金属封装）两类，以圆柱形为主。

铝电解电容的容量和耐压在其外壳上均有标注，外壳上的深色标记代表负极，如图 1-13 所示。

2. 钽电解电容

固体钽电解电容的性能优异，是所有电容器中体积较小而又能达到较大容量的产品，因此容易制成适于表面贴装的小型片式元件。

目前生产的钽电解电容主要有烧结型固体、箔形卷绕固体和烧结型液体三种，其中烧结型固体占目前生产总量的 95% 以上，并以非金属密封型的树脂封装式为主体。钽电解电容的容量和耐压在其外壳上均有标注，外壳上的颜色标记代表正极，如图 1-14 所示。

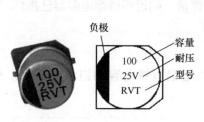

图 1-13　铝电解电容的外形及其标注

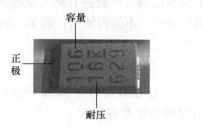

图 1-14　钽电解电容的外形及其标注

第三节　电感器

电感器是利用电磁感应原理制成的元件，它通常分为两类：一类是利用自感作用的电感线圈，另一类是利用互感作用的变压器。电感器的使用范围很广，它在调谐、振荡、匹配、耦合、滤波、陷波和偏转聚焦等电路中都是必不可少的。根据用途、工作频率、功率及工作环境的不同，对电感器的基本参数和结构的要求也不同，因此电感器类型和结构多样。常用电感器的外形和电路符号如图 1-15 和图 1-16 所示。

电感器

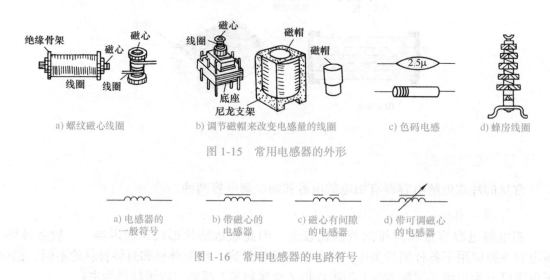

a) 螺纹磁心线圈　　b) 调节磁帽来改变电感量的线圈　　c) 色码电感　　d) 蜂房线圈

图 1-15　常用电感器的外形

a) 电感器的　　b) 带磁心的　　c) 磁心有间隙　　d) 带可调磁心
一般符号　　　电感器　　　的电感器　　　的电感器

图 1-16　常用电感器的电路符号

一、电感器的基本参数

1. 电感量

电感量（L）的定义为

$$L = \frac{\Phi}{I}$$

式中，L 是电感量，Φ 是载流线圈的磁通量，I 是线圈中的电流。

电感量的基本单位是亨利（H），常用单位有毫亨（mH）和微亨（μH）。

2. 品质因数

电感线圈的品质因数（Q 值）定义为

$$Q = \frac{\omega L}{r}$$

式中，Q 是品质因数，ω 是工作角频率，L 是线圈的电感量，r 是线圈的损耗电阻。

二、几种常用的电感器

（一）小型固定电感器

这种电感器是在棒形、工形或王字形的磁心上绕制漆包线制成的，它体积小、重量轻和安装方便，用于滤波、陷波和退耦电路中。其结构有卧式和立式两种。

（二）电源变压器

图 1-17 所示为一些小型电源变压器的外形图，它由带铁心的绕组、绕组骨架和绝缘物等组成。

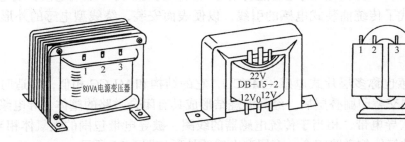

图 1-17 小型电源变压器的外形图

（1）铁心 常用变压器铁心有 E 形、口形和 C 形等，如图 1-18 所示。E 形铁心使用较多，用这种铁心制成的变压器，铁心对绕组形成保护外壳；口形铁心用在大功率的变压器中；C 形铁心采用新型材料，具有体积小、重量轻和质量好等优点，但制作要求高。

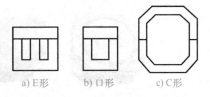

a) E形　　b) 口形　　c) C形

图 1-18 常用变压器铁心

（2）绕组 绕组是用不同规格的漆包线绕制而成。绕组由一个一次绕组和多个二次绕组组成，并在一、二次绕组之间加有静电屏蔽层。

（3）特性 变压器的一、二次绕组的匝数与电压有以下关系：

$$n = \frac{N_1}{N_2} = \frac{U_1}{U_2}$$

式中，U_1 和 N_1 分别是一次绕组的电压和匝数；U_2 和 N_2 分别是二次绕组的电压和匝数；n 是电压比，$n<1$ 的变压器为升压变压器，$n>1$ 的变压器为降压变压器，$n=1$ 的变压器为隔离变压器。

（三）中频变压器

中频变压器是超外差式无线电接收设备中的主要器件之一，它广泛应用于调幅收音机、调频收音机和电视机等电子产品中，其主要功能是选频及阻抗匹配。调幅收音机的中频变压器谐振于 465kHz；调频收音机的中频变压器谐振于 10.7MHz；电视机的图像中频变压器谐振于 38MHz，伴音中频变压器谐振于 31.5MHz。

三、片式电感器

由于电感器受线圈制约，片式化比较困难，故其片式化晚于电阻器和电容器，片式化率也较低。目前电感器的片式化取得了很大的进展，不仅种类繁多，而且相当多的产品已经系列化、标准化，并已批量生产，用量较大的主要有绕线型电感和多层型电感。

SMT 元器件 – 电感器

1. 绕线型电感

绕线型电感实际上是把传统的卧式绕线电感稍加改进制成的。制造时将导线缠绕在磁心上。小电感用陶瓷作磁心，大电感用铁氧体作磁心，线圈可以垂直也可水平。一般垂直线圈的尺寸最小，水平线圈的电性能要稍好一些，绕线后需加上端电极。端电极也称外部端子，它取代了传统插装式电感的引线，以便表面安装，绕线型电感的外形如图 1-19 所示。

2. 多层型电感

多层型电感也称多层片式电感（MLCI），它的结构和 MLCC 相似，制造时由铁氧体浆料和导电浆料交替印刷叠层后，经高温烧结形成具有闭合磁路的整体。导电浆料经烧结后形成的螺旋式导电带，相当于传统电感器的线圈，被导电带包围的铁氧体相当于磁心，导电带外围的铁氧体使磁路闭合。多层型电感的外形如图 1-20 所示。

图 1-19　绕线型电感的外形　　　　　　　　图 1-20　多层型电感的外形

四、电感器的测量与标志方法

1. 电感器的测量

电感器的电感量一般可通过高频 Q 表或电感表进行测量，若不具备以上两种仪表，则可通过用万用表测量线圈的直流电阻来判断其好坏。一般线圈的直流电阻很小，在零点几欧至几欧之间，电源变压器一次绕组的直流电阻可达几十欧。若测得线圈的直流电阻为无穷大，则说明电感线圈内部或引线已断。

2. 电感量的标识方法

电感器的电感量标识方法有直标法、文字符号法、色标法和数码法。

（1）直标法　将标称电感量和允许偏差直接标注在电感器外壳，常见表示偏差的字母有 F（±1%）、G（±2%）、J（±5%）和 K（±10%）。例如，某电感器上标有"560uHJ"，则表示标称电感量为 560μH，允许偏差为 ±5%。

（2）文字符号法　将标称电感量和允许偏差值用文字符号和数字标注在电感器外壳上，用 N 或 R 代表小数点，后缀英文字母表示允许偏差。例如，4N7 表示标称电感量为 4.7nH，47N 表示标称电感量为 47nH，4R7 则表示标称电感量为 4.7μH。

（3）色标法　这种表示方法与电阻器的色环表示方法类似，其颜色所代表的数字与色环电阻完全一致，电感量单位为 μH。例如，某色环电感的颜色分别为棕、黑、黑、金，表示其标称电感量为 $10 \times 10^0 \mu H = 10 \mu H$，允许偏差为 ±5%。

（4）数码法　该法用三位数字表示标称电感量，常见于片式电感器上。从左至右的第一、第二位为有效数字，第三位表示有效数字后面加 0 的个数（单位为 μH）。若电感量中有小数点，则用 R 表示，并占一位有效数字。例如，图 1-19 所示的绕线型电感上标有"101"，表示其标称电感量为 $10 \times 10^1 \mu H = 100 \mu H$；若标有"470"，则表示其标称电感量为 $47 \times 10^0 \mu H = 47 \mu H$。

第四节　半导体器件

一、二极管

半导体器件

（一）种类及特性

二极管是一种具有单向导电性的半导体器件。它由一个 PN 结加上相应的电极引线和密封壳构成，广泛应用于电子产品中，有整流、检波和稳压等作用。

二极管的种类很多，形状各异。按用途分，有整流极管、检波极管、稳压极管、发光极管、开关极管和光电二极管；按材料分，有锗二极管、硅二极管和砷化镓二极管；按结构分，有点接触型二极管和面接触型二极管。此外还有变容二极管、肖特基二极管、双向触发二极管和精密二极管等。常见二极管的外形和电路符号如图 1-21 和图 1-22 所示。

国产二极管的型号由五部分组成，其意义如下。

第一部分是数字 2，表示二极管。

第二部分是极性和材料，用字母表示，见表 1-4。

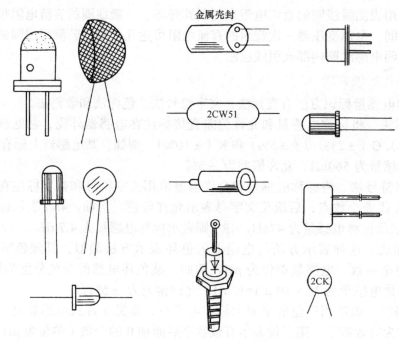

图 1-21　常见二极管的外形

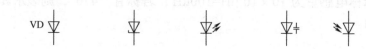

a) 二极管的一般符号　b) 稳压二极管　c) 发光二极管　d) 变容二极管　e) 光电二极管

图 1-22　常见二极管的电路符号

表 1-4　表示二极管极性和材料的部分字母含义

字　母	A	B	C	D
含　义	N 型　锗材料	P 型　锗材料	N 型　硅材料	P 型　硅材料

第三部分是类型，用字母表示，见表 1-5。

表 1-5　表示二极管类型的部分字母含义

字　母	含　义	字　母	含　义	字　母	含　义
P	普通极管	L	整流堆	U	光电二极管
W	稳压极管	S	隧道极管	K	开关极管
Z	整流极管	N	阻尼极管	V	微波极管

第四部分是产品序号，用数字表示。

第五部分是规格，用字母表示。

例如，2AP9 表示锗材料、N 型普通二极管，产品序号为 9；2CK71B 表示硅材料、N

型开关二极管，产品序号为 71，规格为 B。

（二）主要参数

1. 最大整流电流 I_F

I_F 是二极管长期连续工作时允许通过的最大正向平均电流，使用时应注意通过二极管的平均电流不能大于这个值，否则将导致二极管损坏。

2. 最大反向电压 U_{RM}

U_{RM} 指允许加在二极管上的反向电压最大值。二极管反向电压的峰值不能超过 U_{RM}，否则反向电流增大，二极管特性变坏。通常 U_{RM} 为反向击穿电压的 1/3 ～ 1/2。

二极管还有反向饱和电流、结电容和反向恢复时间等参数。对于普通整流电路，一般不需要考虑这些参数；对于开关二极管，因其工作于脉冲电路，需特别注意选用反向恢复时间短的开关二极管。如果工作电流大，还需注意二极管的额定功率。

（三）极性识别与检测方法

1. 极性识别

一般情况下二极管管体上印有标志的一端为二极管的负极，另一端为正极。例如，1N4001 二极管管体为黑色，在管体的一端印有一个白圈，此端引脚即为负极。对于发光二极管，长引脚为正极，短引脚为负极。

2. 万用表检测

用万用表的 $R \times 100$ 和 $R \times 1k$ 档检测，检测方法为：将指针式万用表的两表笔分别接触二极管两端，读出阻值；将两表笔交换后再次测量，读出阻值。对于性能好的二极管来讲，两次阻值相差很大，阻值小的一次黑表笔（负极表笔）所接为二极管的正极，红表笔（正极表笔）所接为负极。阻值小的常称为正向电阻，阻值大的常称为反向电阻。用指针式万用表测量二极管的正、反向电阻，指针实际上反映的是二极管的正、反向导通压降，二者完全不同。二极管的正、反向电阻是典型的非线性电阻。通常硅二极管的正向电阻为数百至数千欧，反向电阻在 1MΩ 以上；锗二极管的正向电阻为几百欧到 2kΩ，反向电阻为几百千欧（视表内电池电压而定）。若实测过程中两次阻值全为 0，则说明极管已击穿；若两次阻值均为无穷大，则说明极管已断路；若两次阻值相差不大，则说明极管性能不良。

若采用数字式万用表进行检测，可以直接使用数字式万用表的二极管档。对于硅二极管，当红表笔接在极管正极，黑表笔接在负极时，万用表显示数字 500 ～ 700 均为正常；交换表笔再次测量，此时应无数字显示。对于锗二极管，当红表笔接在极管正极，黑表笔接在负极时，显示数字小于 300 为正常，若两次测量均无显示，则说明二极管已断路；若两次测量显示均为 0，则说明二极管已击穿。

如果用万用表不能判断出二极管的性能，可用 JT-1 型晶体管特性图示仪模拟二极管的工作环境进行测量。

（四）常用二极管的特点

1. 整流二极管

整流二极管属于硅材料、面接触型二极管，其特点是工作频率低，允许通过的正向电流大，以及反向击穿电压高。国产整流二极管有 2CZ、2DZ 系列。进口整流二极管有 1N4004、1N4007 和 1N5401 等型号。

整流二极管不仅有硅管和锗管之分，而且还有低频和高频、大功率和中（小）功率之分。硅管具有良好的温度特性和耐压性能，故使用较多。高频整流极管又称快恢复二极管，主要用在频率较高的电路中，例如计算机主机箱中的开关电源、电视机中的开关电源均采用大功率快恢复二极管。

2. 检波二极管

检波实际上是对高频小信号整流的过程，它可以把调幅信号中的调制信号取出来。检波二极管属于锗材料、点接触型二极管，其特点是工作频率高，正向压降小。国产检波二极管主要有 2AP 系列，进口检波二极管有 1N60 等型号。检波二极管应用于收音机及一些通信设备中。

3. 稳压二极管

稳压二极管又称齐纳二极管，是一种用于稳压、工作于反向击穿状态的特殊二极管。稳压二极管是以特殊工艺制造的面接触型二极管，它利用 PN 结反向击穿后，在一定反向电流范围内反向电压几乎不变的特点进行稳压。国产稳压二极管主要有 2CW 和 2DW 系列，进口稳压二极管有 1N752、1N962 等型号。其稳压值可通过查阅相关手册或使用 JT-1 型晶体管特性图示仪测量获得。

4. 变容二极管

变容二极管是指它的结电容随其两端反向偏压的变化而变化的一种二极管，而且反向偏置电压越大，结电容越小，当偏置电压趋近于 0 时，结电容最大。国产变容二极管主要有 2CC 系列。变容二极管广泛应用于电子调谐器中，例如具有自动搜索电台功能的收音机均采用变容二极管。

二、晶体管

（一）种类及特性

晶体管是由两个背靠背排列的 PN 结加上相应的引出电极引线和密封壳组成的。晶体管具有电流放大作用，可组成放大、振荡及各种功能的电子电路。

晶体管的种类很多，按导电极性和半导体材料分为 NPN 硅管、PNP 硅管、NPN 锗管和 PNP 锗管；按结构分为点接触型晶体管和面接触型晶体管，按功率分为小功率晶体管、中功率晶体管和大功率晶体管，按功能和用途分为放大管、开关管和达林顿管，按频率分为低频晶体管、高频晶体管和超高频晶体管等。常见晶体管的外形和电路符号如图 1-23 和图 1-24 所示。

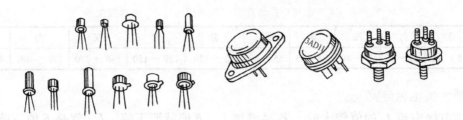

图 1-23　常见晶体管的外形

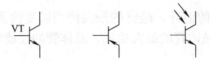

a) NPN型晶体管　　b) PNP型晶体管　　c) 光电晶体管

图 1-24　常见晶体管的电路符号

（二）国产晶体管的命名方法

国产晶体管的型号由五部分组成，其意义如下。

第一部分是数字 3，表示晶体管。

第二部分是极性和材料，用字母表示，见表 1-6。

表 1-6　表示晶体管极性和材料的部分字母含义

字　母	A	B	C	D
含　义	PNP 型　锗材料	NPN 型　锗材料	PNP 型　硅材料	NPN 型　硅材料

第三部分是类型，用字母表示，见表 1-7。

表 1-7　表示晶体管类型的部分字母含义

字　母	含　义	字　母	含　义
X	低频小功率晶体管（$f_a<3\text{MHz}$，$P_c<1\text{W}$）	D	低频大功率晶体管（$f_a<3\text{MHz}$，$P_c\geqslant1\text{W}$）
G	高频小功率晶体管（$f_a\geqslant3\text{MHz}$，$P_c<1\text{W}$）	A	高频大功率晶体管（$f_a\geqslant3\text{MHz}$，$P_c\geqslant1\text{W}$）

第四部分是产品序号，用数字表示。

第五部分是规格，用字母表示。

例如，3DG201A 表示 NPN 型高频小功率硅材料晶体管，产品序号为 201，规格为 A。

（三）主要参数

晶体管在使用或替换时应考虑以下参数。

1. 电流放大系数 β 和 h_{FE}

β 是晶体管的交流电流放大系数，表示晶体管对交流信号的电流放大能力。h_{FE} 是晶体管的直流电流放大系数。晶体管外壳常用不同颜色的色点表示 h_{FE} 的范围，国产小功率晶体管常见色点颜色与 h_{FE} 的对应关系见表 1-8。

表 1-8　国产小功率晶体管常见色点颜色与 h_{FE} 的对应关系

色点	棕	红	橙	黄	绿	蓝	紫	灰	白	黑
h_{FE}	5～15	15～25	25～40	40～55	55～80	80～120	120～180	180～270	270～400	400～600

2. 最大集电极电流 I_{CM}

当集电极电流 I_C 的值较大时，若再增加 I_C，β 值就要下降，I_{CM} 就是 β 值下降到额定值的 2/3 时，所允许通过的最大集电极电流。

3. 最大集电极功耗 P_{CM}

这个参数决定了晶体管的温升。硅管的最高使用温度约为150℃，锗管约为70℃，超过最高使用温度，即超过了晶体管的最大功耗，晶体管的性能就要变坏，甚至烧毁晶体管。

4. 特征频率 f_T

晶体管的工作频率超过一定值时，β 值开始下降，$\beta=1$ 时所对应的频率称为特征频率。

（四）电极识别

晶体管的引脚排列多种多样，要想正确使用晶体管，首先必须识别出它的三个电极。有些晶体管可通过其外观直接判别它的三个电极，而大部分晶体管只能使用万用表或相应的仪器才能找出它的三个电极。

1. 外观判别法

有些金属壳封装的晶体管可通过其外观直接判别它的三个电极。如图 1-25 所示，对于图 1-25a，观察者面对管底，由定位标志起按顺时针方向，引脚依次为发射极 E、基极 B 和集电极 C；对于图 1-25b，观察者面对管底，由定位标志起按顺时针方向，引脚依次为发射极 E、基极 B、集电极 C 和接地线 D；对于图 1-25c，观察者面对管底，令引脚处于半圆的上方，按顺时针方向，引脚依次为发射极 E、基极 B 和集电极 C；对于图 1-25d，观察者面对管底，令两引脚位于左侧，上边的引脚为发射极 E，下边的引脚为基极 B，外壳为集电极 C；对于图 1-25e，观察者面对切角面，引脚向下，由左向右依次为发射极 E、基极 B 和集电极 C；对于图 1-25f，观察者面对晶体管正面，散热片为晶体管背面，引脚向下，由左向右依次为发射极 E、基极 B 和集电极 C。

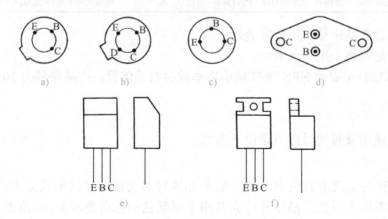

图 1-25　晶体管引脚识别

2. 应用万用表判别晶体管的三个电极

（1）基极的判别 将万用表置于 $R×1k$ 档，用黑表笔接某一引脚，并假定此引脚为基极，用红表笔分别接触另两个引脚。若两次阻值都很小（几千欧），则黑表笔所接为基极，假定正确，且此管为 NPN 管；若两次阻值都很大（几百千欧至无穷大），再用红表笔接在这个假定的基极，黑表笔分别接触另两个引脚，两个阻值都很小（几千欧），则此时红表笔所接为基极，且此管为 PNP 管。若不符合上述情况，再进行假定并检测，直到出现上述情况为止。若三个引脚均被假定，仍不出现上述情况，则说明此晶体管损坏。

（2）集电极 C 和发射极 E 的判别（以 NPN 管为例） 先假定某一引脚为集电极并与黑表笔相接，红表笔接另一个引脚，用潮湿的手指捏在基极和集电极之间，观察指针摆动幅度，表笔交换后重复上述过程。指针摆动幅度大的一次，黑表笔所接为集电极，红表笔所接为发射极。

对于数字式万用表，可先用二极管档找出基极，并确定晶体管的极性（NPN 或 PNP），然后用 h_{FE} 档直接测量，h_{FE} 值大的一次，集电极和发射极所接位置正确。

三、场效应晶体管

场效应晶体管也是一种具有 PN 结的半导体器件，它利用电场的效应来控制电流。场效应晶体管有三个电极，它们分别是栅极 G、源极 S 和漏极 D。它具有输入阻抗高、噪声低和动态范围大等特点，因此广泛应用于数字电路、通信设备和仪器仪表等方面。场效应集成电路还具有功耗小、成本低和容易做成大规模集成电路等优点。根据导电沟道形成原理及对其控制方式的不同，场效应晶体管可分为结型和绝缘栅型两大类。

（一）结型场效应晶体管

结型场效应晶体管有 N 沟道和 P 沟道两种，其电路符号如图 1-26 所示。从某种意义上讲，它就是一个由电压控制的可变电阻，当栅极和源极之间 PN 结的反向偏置电压 U_{GS} 变化时，漏极和源极之间的电阻 R 随之变化。当 $U_{GS}=0$ 时，导电沟道变宽，R 变小；随着 $|U_{GS}|$ 的增加，导电沟道变窄，R 变大。当加大栅极和源极之间的反向偏置电压时，结型场效应晶体管直流输入电阻 R_{GS} 会随之变得很大，一般在 10MΩ 以上。

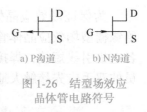

a) P沟道 b) N沟道

图 1-26 结型场效应晶体管电路符号

（二）绝缘栅型场效应晶体管

结型场效应晶体管的 R_{GS} 一般可达 100MΩ，这个电阻从本质上说是 PN 结的反向电阻。由于反向饱和电流的存在会限制它进一步提高，而且在高温下，反向饱和电流剧增，R_{GS} 还会显著下降，此外在大规模集成电路中，结型场效应晶体管的制造较为困难。

1962 年出现的绝缘栅型场效应晶体管是将栅极与沟道间用绝缘层隔开，可以有效地提高 R_{GS}（最高可达 10^9MΩ）及其温度特性。绝缘栅型场效应晶体管是由金属、氧化物和半导体组成，因而又称 MOS 管（金属－氧化物－半导体场效应晶体管）。MOS 管又分为增强型和耗尽型两种，每种又有 N 沟道和 P 沟道两种，其电路符号如图 1-27 所示。

　　a) N 沟道增强型　　　b) P 沟道增强型　　　c) N 沟道耗尽型　　　d) P 沟道耗尽型

图 1-27　MOS 管电路符号

增强型 MOS 管与耗尽型 MOS 管的区别在于：增强型 MOS 管需加一定的 U_{GS} 才会产生漏极电流 I_D，耗尽型 MOS 管在 U_{GS} 为 0 时就有较大的 I_D。

（三）场效应晶体管和晶体管的性能比较

1）场效应晶体管只靠多数载流子导电，又称单极型三极管。晶体管是多数载流子与少数载流子均参与导电，又称双极型三极管，因而场效应晶体管的噪声比晶体管小得多。

2）晶体管输入端 PN 结为正偏，而场效应晶体管输入端 PN 结为反偏，因而场效应晶体管的输入电阻远大于晶体管。由于栅极电流几乎为 0，故场效应晶体管属于电压控制器件，而晶体管属于电流控制器件。

3）场效应晶体管在低电压、小电流的条件下工作时，可作为电压控制的可变电阻器，而且它的制造工艺便于集成化，因而得到广泛应用。有些场效应晶体管的源极和漏极可以互换，栅极电压可正可负，灵活性比晶体管更强。

（四）场效应晶体管的使用常识

为保证场效应晶体管安全可靠地工作，除使用时不要超过器件的极限参数外，对于绝缘栅型场效应晶体管要特别注意因感应电压造成绝缘层击穿的问题，为此在保存时应将各电极引线短接，焊接时应将电烙铁外壳接地，测试时仪表应良好接地，测量之前操作人员的双手应先接触大地（如摸水管），释放人体的静电电荷。

四、片状分立器件

片状分立器件有片状二极管、片状晶体管和片状场效应晶体管。

SMT 分立器件

1. 片状二极管

片状二极管有无引线柱形玻璃封装和塑料封装两种。无引线柱形玻璃封装二极管是将管芯封装在细玻璃管内，两端以金属帽为电极，如图 1-28 所示。常见的有稳压二极管、开关二极管和通用二极管，功耗一般为 0.5～1W，外形尺寸有 $\phi 1.5mm \times 3.5mm$ 和 $\phi 2.7mm \times 5.2mm$ 两种。

塑料封装二极管一般做成矩形片状，额定电流为 150mA～1A，耐压为 50～400V，外形尺寸为 3.8mm × 1.5mm × 1.1mm。图 1-29 所示为矩形片状塑料封装二极管的外形。

图 1-28　无引线柱形玻璃封装二极管的外形

图 1-29　矩形片状塑料封装二极管的外形

2. 片状晶体管

片状晶体管采用带有翼形短引线的塑料封装，即 SOT（小外形晶体管）封装，可分为 SOT-23、SOT-89、SOT-143、SOT-252 几种尺寸结构，其外形如图 1-30 所示。产品有小功率晶体管、大功率晶体管、场效应晶体管和高频晶体管几个系列，其中 SOT-23 是通用的片状晶体管，有三条翼形引脚。

a) SOT-23　　b) SOT-89　　c) SOT-143　　d) SOT-252

图 1-30　SOT 封装的晶体管外形

SOT-89 适用于较高功率的场合，它的 E、B、C 三个电极是从晶体管同一侧引出，晶体管底面有金属散热片与集电极相连，晶体管芯片粘接在较大的铜片上，以利于散热。

SOT-143 有四条翼形短引脚，对称分布在长边的两侧，引脚中宽度偏大一点的是集电极，这类封装常见于双栅场效应晶体管和高频晶体管。

SOT-252 封装的功耗可达 2～50W，两条连在一起的引脚或与散热片连接的引脚是集电极。

片状分立器件的封装类型及产品到目前为止已有 3000 多种，各厂商产品的电极引出方式略有差别，在选用时必须查阅手册资料。但产品的极性排列和引脚距基本相同，具有互换性。引脚数目较少的片状分立器件一般采用盘状纸编带包装。

五、集成电路

集成电路（IC）是利用半导体工艺和薄膜工艺将一些晶体管、电阻、电容、电感及连线等制作在同一硅片上，成为具有特定功能的电路，并封装在特定的管壳中。集成电路与分立元

集成电路

器件相比具有体积小、重量轻、成本低、耗电少、可靠性高和电气性能优良等突出优点。

（一）集成电路的分类

集成电路按其结构和工艺方法的不同，可分为半导体集成电路、薄膜集成电路、厚膜集成电路和混合集成电路。半导体集成电路采用半导体工艺，在硅片上制作电阻、电容、二极管和晶体管等元器件；薄膜、厚膜集成电路是在玻璃或陶瓷等绝缘基体上制作元器件，其中薄膜集成电路的膜厚在 1μm 以下，而厚膜集成电路的膜厚为 1 ～ 10μm；混合集成电路是采用半导体工艺和薄、厚膜工艺结合制成的。

集成电路按功能不同，可分为模拟集成电路和数字集成电路。模拟集成电路分为线性和非线性两种，其中线性集成电路包括直流运算放大器、音频放大器等，非线性集成电路包括模拟乘法器、比较器和 A–D（模 – 数）或 D–A（数 – 模）转换器。数字集成电路包括触发器、存储器、微处理器和可编程序器件，其中存储器包括 RAM（随机存储器）和 ROM（只读存储器），可编程序器件包括 EPROM（可擦编程只读存储器）、E^2PROM（电可擦编程只读存储器）、PLD（可编程逻辑器件）、EPLD（可擦可编程逻辑器件）和 FPGA（现场可编程序门阵列）。可编程序器件可用编程的方法实现系统所需的逻辑功能，既可缩短产品的设计周期，又可使数字系统的设计具有很大的快捷性和灵活性，是集成电路发展的一种趋势。

集成电路按集成度不同，可分为 SSI（小规模）集成电路、MSI（中规模）集成电路、LSI（大规模）集成电路和 VLSI（超大规模）集成电路。

集成电路按导电类型不同，可分为双极型集成电路和单极型集成电路。双极型集成电路工作速度快，但功耗较大，而且制造工艺复杂，如 TTL（晶体管 – 晶体管逻辑）集成电路和 ECL（发射极耦合逻辑）集成电路。单极型集成电路工艺简单、功耗小，但工作速度慢，如 CMOS（互补金属氧化物半导体）、PMOS（P 沟道 MOS 管）和 NMOS（N 沟道 MOS 管）集成电路。

（二）集成电路的型号与命名

近年来，集成电路的发展十分迅速，其型号大体上包含这些内容：公司代号、电路系列或种类代号、电路序号、封装形式代号和温度范围代号等。这些内容均用字母或数字表示。一般情况下，世界上很多集成电路制造公司将自己公司名称的缩写字母放在开头，表示该公司的集成电路。例如，日本松下公司用 AN 开头（如 AN5521），三菱公司用字母 M 开头（如 M50436）。常见国外公司的集成电路型号前缀见表 1-9。

表 1-9　常见国外公司的集成电路型号前缀

产品型号前缀	生产厂家	产品举例	产品型号前缀	生产厂家	产品举例
AD	美国模拟器件公司	AD7118	LM	美国国家半导体公司	LM324
AN	日本松下公司	AN5179	MC	美国摩托罗拉半导体公司	MC13007

（续）

产品型号前缀	生产厂家	产品举例	产品型号前缀	生产厂家	产品举例
CXA	日本索尼公司	CXA1191M	TA	日本东芝公司	TA7698
HA	日本日立公司	HA1361	TB		TB1238
KA	韩国三星公司	KA2101	TDA	荷兰飞利浦公司	TDA8361
LA	日本三洋公司	LA7830	μPC	日本电气公司	μPC1366

在国内，由于生产设备条件落后，工艺水平低，半导体集成电路的整体质量与国外有一定差距。但通过技术设备引进，微电子产品发展已取得了一些进步。国家标准规定，国产集成电路型号命名由四部分组成，见表1-10。

表1-10 国产集成电路型号命名的四部分

第一部分		第二部分	第三部分	第四部分	
用汉语拼音字母表示该电路类型		用三位数字表示电路的系列和品种号	用汉语拼音字母表示电路的规格	用汉语拼音字母表示电路的封装	
符号	意义			符号	意义
T	TTL			A	陶瓷扁平
H	HTL（高域逻辑）	—	—	B	塑料扁平
E	ECL				
I	IIL（集成注入逻辑）			C	陶瓷双列
P	PMOS			D	塑料双列
N	NMOS				
C	CMOS			Y	金属圆壳
F	线性放大器				
W	集成稳压器			F	F型
J	接口电路				

目前，部分国产集成电路按照国标命名，多数集成电路命名已向国际靠拢。国产集成电路以4000系列、74系列、54系列和74LS、74LH系列等为主。

（三）集成电路的封装与引脚识别

1. 封装

集成电路的封装可分为圆形金属外壳封装、陶瓷或塑料扁平封装、陶瓷或塑料双列直插式封装、单列直插式封装

集成电路的封装

等，如图1-31所示，其中单列直插式、双列直插式较常见。陶瓷封装具有散热性能差、体积小和成本低的特点。金属封装散热性能好，可靠性高，但安装使用不够方便，成本高。塑料封装最大的特点是工艺简单、成本低，因而被广泛使用。

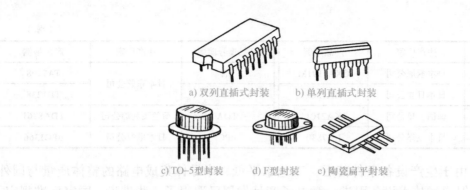

a) 双列直插式封装　　b) 单列直插式封装

c)TO-5型封装　　d) F型封装　　e) 陶瓷扁平封装

图 1-31　集成电路的封装形式

2. 引脚识别

集成电路引脚排列顺序的标志一般有色点、凹槽、管键和封装时压出的圆形标志。双列直插式集成电路引脚的识别方法是：将集成电路水平放置，引脚向下，标志朝左，左下方第一个引脚为 1 脚，然后按逆时针方向数，依次为 2 脚、3 脚……，如图 1-32 所示。

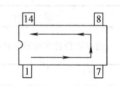

图 1-32　双列直插式集成电路引脚顺序识别图

单列直插式集成电路引脚的识别方法也是将引脚向下，标志朝左，左下方第一个引脚到右下方最后一个引脚依次为 1 脚、2 脚、3 脚……

（四）使用注意事项

集成电路是一种结构复杂、功能多、体积小、价格贵且安装与拆卸麻烦的电子器件。在选购、检测和使用中应十分小心，以免造成不必要的损失。使用时应注意以下四点：

1）集成电路在使用时不允许超过极限参数。

2）集成电路内部包含几千甚至上万个 PN 结，因此它对工作温度很敏感，其各项指标都是在 27℃下测出的。环境温度过高或过低，都不利于其正常工作。

3）在手工焊接集成电路时，不得使用功率大于 45W 的电烙铁，连续焊接时间不能超过 10s。

4）MOS 集成电路要防止静电感应击穿。焊接时要保证电烙铁外壳可靠接地，若无接地线可将电烙铁电源拔下，利用余热焊接。必要时焊接者还应带上防静电手环，并穿上防静电服装和防静电鞋。在存放 MOS 集成电路时，必须将其收藏在金属盒内或用金属箔包起来，防止外界电场将其击穿。

六、片状集成电路

片状集成电路与传统集成电路相比具有引脚间距小、集成度高的优点，广泛用于家电和通信产品中。

片状集成电路的封装形式有小型封装和矩形封装两种。小型封装包括 SOP（小外形封装）和 SOJ（J 形引脚小外形封

SMD 集成电路

装），如图 1-33 所示。SOP 电路的引脚为 L 形，其特点是引线容易焊接，生产过程中检测方便，但占用印制电路板（PCB）面积大。SOJ 电路的引脚为 J 形，其特点是占用印制电路板面积小，因此应用较为广泛。以上两种封装电路的引脚间距大多为 1.27mm、1.0mm 和 0.76mm。

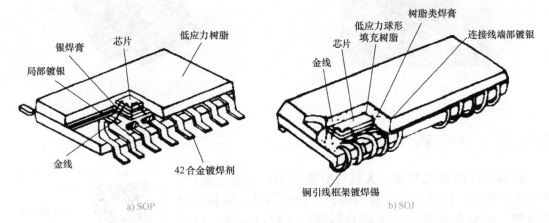

a) SOP　　　　　　　　　　　　　　　　　b) SOJ

图 1-33　SOP 和 SOJ 的封装结构

矩形封装包括 QFP（四面扁平封装）和 PLCC（带引线的塑料芯片载体）两种。QFP 采用四边出脚的 L 形引脚，如图 1-34 所示，引脚间距有 0.254mm、0.3mm、0.4mm 和 0.5mm 四种。PLCC 采用四边出脚的 J 形引脚，如图 1-35 所示，它与 SOP、QFP 相比更节省印制电路板的面积，但这种电路焊接到印制电路板上后检测焊点较为困难，维修拆焊更为困难。

图 1-34　QFP

图 1-35　PLCC

除以上两种封装外，还有 COB（板上芯片）、BGA（球阵列封装）。COB 就是通常说的软封装、黑胶封装，如图 1-36 所示。它是将集成电路芯片直接粘在印制电路板上，用引脚实现与印制电路板的连接，最后用黑胶包封。这类电路成本低，主要用于电子表、游戏机和计算机等电子产品中。

BGA 是将 QFP 或 PLCC 的 L 形或 J 形引脚改变为球形引脚，而且将球形引脚置于电路底面，不再从四边引出，如图 1-37 所示。它的引脚间距有 1.0mm、1.27mm 和 1.5mm 三种。

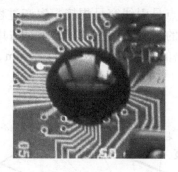

图 1-36　COB

图 1-37　BGA

第五节　光电器件

光电器件的种类繁多，大致可分为三类：①发光器件，有发光二极管、红外发光二极管等；②光电器件，包括光电二极管、光电晶体管和光电耦合器等；③数显器件，包括 LED（发光二极管）数码管、LCD（液晶显示器）等。另外还有激光二极管。

光电器件 1

一、发光二极管

发光二极管是采用磷化镓或砷化镓等半导体材料制成的。发光二极管与普通二极管一样也由 PN 结构成，具有单向导电性，但发光二极管不是利用它的单向导电性，而是让它发光，用作指示器件。发光颜色以红、绿、黄、橙和蓝等单色为主，也有一些能发出双色和三色光的发光二极管。国产发光二极管有 FG、BT、LET 等系列。发光二极管应用十分广泛，例如，电视机、收录机中的指示灯采用发光二极管，路口的红绿灯采用高亮度发光二极管替代白炽灯。

光电器件 2

二、红外发光二极管

红外发光二极管的结构、原理与普通发光二极管基本一样，它们都只有一个 PN 结，只不过两者所用材料不同。红外发光二极管的材料为砷铝化镓，其光波波长在 940nm 左右，属红外波段。红外发光二极管有全塑封装和透明的黑色树脂封装。红外发光二极管应用十分广泛，例如各种遥控器的发射管均采用红外发光二极管。另外，它与光电器件配合使用可制成光电耦合器。

三、光电二极管

光电二极管是一种光电转换器件，其结构与普通二极管类似，只是在接收光照的部分加上了一个透明窗口，其他部分用金属和塑料封装。常见光电二极管有硅 PN 结型、锗雪崩型和肖特基型，其中硅 PN 结型用得最多。光电二极管的型号有 2DU、2CU 型两种，其光谱范围是 400 ～ 1000nm。光电二极管的基本原理是当光照到 PN 结时，PN 结吸收光能，将其转变为电能。它有两种工作状态：

1）当光电二极管加上反向电压时，它的反向电流将随光照强度变化而改变，而且光照强度越大，反向电流越大。光电二极管一般都在这种状态下使用。

2）当光电二极管不加电压时，利用 PN 结在受光照时产生正向压降的原理，可把它用作微型光电池。

光电二极管广泛用于红外遥控接收、光纤通信和光电转换等方面。

四、光电晶体管

光电晶体管也是一种光电转换器件，它与普通晶体管一样，也具有两个 PN 结，采用半导体材料制成。为了更好地实现光电转换，它的基区面积比普通晶体管大，而发射区面积小。光电晶体管只引出集电极和发射极两个引脚，光窗口是基极。光电晶体管具有电流放大作用，可应用于光电检测、光电传感器等。使用时，一般加上红色有机玻璃滤光，以减少环境光的影响。

五、光电耦合器

光电耦合器是以光为媒介、用来传输电信号的器件。它将发光器与受光器封装在同一管壳内，当输入端加上电压时，发光器发光，受光器接收光照后便会产生光电流，由输出端输出，从而实现了电 – 光 – 电的转换。常用的光电耦合器有光电二极管型和光电晶体管型，其电路符号如图 1-38 所示。在光电耦合器中，发光器就是发光二极管，受光器就是光电二极管或光电晶体管。由于光电耦合器具有抗干扰能力强、使用寿命长和传输效率高等优点，因此可广泛用于电气隔离、电平转换和固态继电器、仪器仪表等电路中。

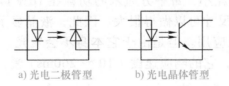

a) 光电二极管型　　　　b) 光电晶体管型

图 1-38　光电耦合器的电路符号

六、LED 数码管

LED 数码管是一种最常见的数字显示器件，它以发光二极管为基础，把发光二极管制成条形，再按照共阴极或共阳极的方式连接，组成数字"8"，然后封装在同一管壳内。图 1-39 所示为 LED 数码管的笔段排列和内部电路结构。图 1-39b 所示为共阳极连接方式，当笔段电极接低电平，阳极接高电平时，相应笔段发光。图 1-39c 所示为共阴极连接方式，当阴极接低电平，笔段电极接高电平时，相应笔段发光。使用时，按规定使某些笔段发光，即可组成 0 ～ 9 一系列数字。笔段电极都要外接限流电阻。

　　LED 数码管具有体积小、重量轻、亮度高、抗冲击性能好和寿命长等特点，因此广泛用于数字仪器仪表、数控装置和计算机的数显器件中。

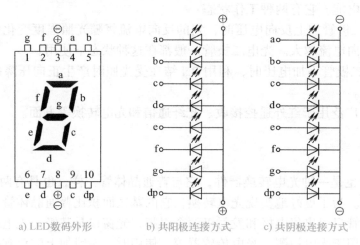

a) LED数码外形　　　　　b) 共阳极连接方式　　　　　c) 共阴极连接方式

图 1-39　LED 数码管的笔段排列和内部电路结构

七、液晶显示器

　　液晶是一种既具有液体的流动性又具有光学特性的有机化合物，它的透明度和呈现颜色受外电场影响，利用这一特性便可做成液晶显示器。

　　在没有外加电场的情况下，液晶分子按一定取向整齐地排列，处于透明状态，射入的光线大部分由反射电极反射回来，显示器呈白色。给电极加上电压以后，液晶分子电离，在电场的作用下运动并发生碰撞，破坏了液晶分子的整齐排列，使液晶呈现浑浊状态。这时射入的光线仅有少量反射回来，显示器呈现暗灰色。如果将七段透明的电极排列成数字"8"，那么只要选择不同的电极组合，并加以正电压，便能显示各种字符。液晶显示器最大的优点是功耗小，每平方厘米的功耗在 1μW 以下，它的工作电压低，显示柔和，字迹清晰，而且尺寸可以做得很大。因此，液晶显示器在计算机、电子表、示波器和电视机中得到广泛应用。但是由于它本身不会发光，仅靠反射外界光线显示字形，所以亮度很差。此外，它的响应速度（10 ～ 200ms）慢，这就限制了它在快速系统中的应用。

八、激光二极管

　　激光二极管是一种能将电能转换成激光束的新型器件，它由双异质结构的镓铝砷三元化合物或铟镓铝磷四元化合物构成，激光二极管的额定功率为 3 ～ 5W，光波波长为 630 ～ 780nm，其中激光光盘（Laser Disk，LD）、紧凑型光盘（Compact Disk，CD）中的激光二极管光波波长为 780nm，而数字通用光盘（Digital Versatile Disk，DVD）中激光二极管光波波长为 630nm 或 650nm。激光二极管的应用十分广泛，例如应用于条形码阅读器、激光打印机、视频光盘设备和测量仪器的瞄准指示等方面。

第六节　常用传感器

一、温度传感器 LM35

　　LM35 是一款高精度温度传感器，其输出电压与摄氏温度成线性正比关系。相比于以热力学温度校准的线性温度传感器，LM35 的优势在于使用者无须在输出电压中减去一个较大的恒定电压值即可便捷地实现摄氏温度调节。LM35 无须进行任何外部校准，它精度高、体积小、成本低且工作可靠，具有很高的工程应用价值。

1. LM35 的特性

①LM35 直接以摄氏温度进行校准。

②线性比例因子为 10mV/℃。

③确保精度为 0.5℃（25℃时）。

④额定温度范围为 −55 ～ 150℃。

⑤工作电压范围为 4 ～ 30V。

⑥漏极电流小于 60μA。

⑦低阻抗输出，1mA 负载时为 0.1Ω。

2. LM35 的应用电路

　　LM35 的封装和引脚如图 1-40 所示，1 脚是 V_{cc}（接电源），2 脚输出电压，3 脚接地，其典型应用电路如图 1-41 所示，1 脚接 5V 电源，3 脚接地，2 脚输出与温度呈线性关系的直流电压。LM35 输出电压与温度的关系为

$$V_{out}=10mV/℃ \times T$$

式中，T 为摄氏温度，测量 LM35 的输出电压，将此电压除以 10mV 就可以得到对应的摄氏温度。

图 1-40　LM35 的封装和引脚

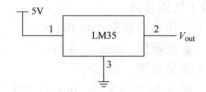

图 1-41　LM35 典型应用电路

二、超声波传感器

　　人们能听到的声音是由物体振动产生的声波，其频率在 20Hz ～ 20kHz 范围内。超过 20kHz 的声波称为超声波，常用的超声波频率范围为 20kHz ～ 100MHz。

　　超声波传感器是利用声压 – 电信号转换方法，将超声波信号转化为电信号的机械振动 – 电压换能器，主要用于检测超声波在各种介质中的穿越时间、反射时间和传播速度

等量值。通过检测这些量值可以实现如物体存在探测、空间测距、固体内部无损探伤和障碍物检测等应用。

1. 内部结构和工作原理

以常用的敞开型超声波传感器为例,其发送部件和接收部件的内部结构如图 1-42 所示。它们主要由压电晶片构成,给压电晶片施加周期性变化的电压时它就会发生形变,产生振动,发出超声波。反之,压电晶片受力后会产生电荷,形成电压,可以接收超声波。发送部件压电晶片上的锥形共振盘用于提高发送效率,接收部件压电晶片上的匹配器用于提高接收效率。

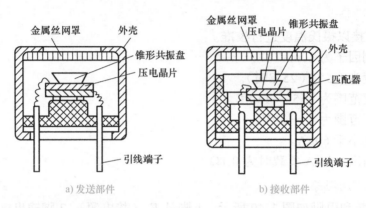

a) 发送部件　　　　　　　　b) 接收部件

图 1-42　敞开型超声波传感器发送部件与接收部件的内部结构

2. 型号含义

超声波传感器的常见型号有 T/R40-12、T/R40-16、T/R40-18A 和 T/40-24A 等,型号中的字母和数字含义如下:T 表示发送部件;R 表示接收部件;40 表示工作频率为 40kHz;12、16、18 和 24 分别表示它们的外径尺寸,单位为 mm。

3. 超声波传感器的应用

下面以 HY-SRF05 超声波传感器模块为例予以介绍。

(1)性能特点

1)工作中心频率:40.0kHz。

2)射程范围:2cm ～ 4.5m。

3)测量范围:≤15°。

4)输入触发信号为 10μs 的 TTL 脉冲;输出回响信号为 TTL 电平信号,与射程成比例。

(2)引脚功能　HY-SRF05 超声波传感器模块的引脚如图 1-43 所示,各引脚功能如下:1 脚为电源端(V_{cc}),2 脚为触发端(Trig),3 脚为回响端(Echo),4 脚为输出端(OUT),5 脚为接地端(GND)。

(3)工作原理　HY-SRF05 超声波传感器模块的时序图如图 1-44 所示,给 2 脚提供一个 10μs 以上的脉冲触发信号,该模块内部将发出 8 个 40kHz 周期电平并检测回波。一旦检测

图 1-43　HY-SRF05 超声波传感器模块的引脚

到有回波信号，则输出回响信号。回响信号的脉冲宽度与所测距离成正比，由此可以通过从发出信号到收到的回响信号的时间间隔计算得到距离，距离＝高电平时间 × 声速 ÷ 2，声速为 340m/s。

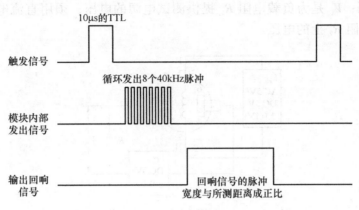

触发信号

10μs的TTL

模块内部
发出信号

循环发出8个40kHz脉冲

输出回响
信号

回响信号的脉冲
宽度与所测距离成正比

图 1-44　HY-SRF05 超声波传感器模块的时序图

三、MQ-2 烟雾传感器

MQ-2 烟雾传感器是一款应用于家庭和工厂气体泄漏监测的传感器，如图 1-45 所示，它适用于液化气、苯、烷、酒精、氢气和烟雾等的探测。由于它具有灵敏度高、响应快、稳定性好、寿命长和驱动电路简单等优点，因此得到广泛使用。

图 1-45　MQ-2 烟雾传感器

1. 工作原理

MQ-2 烟雾传感器是一种气敏传感器，其工作原理基于化学吸附原理，当烟雾进入传感器时，烟雾中的气体分子会被传感器表面的化学吸附材料吸附，导致传感器的阻值发生变化。传感器内部的电路会将阻值变化转换为电压信号，然后通过模拟转换电路输出给微控制器或其他电子设备。通过测量输出电压的大小，可以判断烟雾浓度的高低。因此，MQ-2 烟雾传感器可以用于检测室内或室外的烟雾浓度及其他有害气体的浓度。

2. 测试电路

　　MQ–2 烟雾传感器的基本测试电路如图 1-46 所示。该传感器需要施加两个电压：加热器电压（V_H）和测试电压（V_C），其中 V_H 用于为传感器提供特定的工作温度，可用直流电源或交流电源；V_C 是为负载电阻 R_L 提供测试电源的电压，须用直流电源。V_{RL} 是传感器串联的负载电阻 R_L 上的电压。

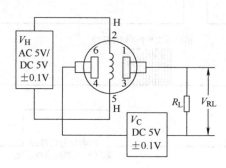

图 1-46　MQ–2 烟雾传感器的基本测试电路

本章小结

　　电子元器件是在电路中具有独立电气功能的基本单元。电子元器件在各类电子产品中占有重要地位，特别是通用电子元器件如电阻器、电容器、电感器、晶体管和集成电路等，更是电子设备中必不可少的基本材料。

　　本章讲述了常用元器件的种类、命名、主要参数和检测方法等，使读者全面了解各类电子元器件的结构和特点，学会正确的选择及应用。前三节主要介绍电阻器、电位器、电容器和电感器的分类、命名、标称值识别和性能质量检测方法，其中标称值识别和性能质量检测是一项基本功，应熟练掌握。第四节介绍了二极管、晶体管、场效应晶体管和集成电路的命名、引脚识别和检测方法，对于二极管、晶体管要了解其型号的含义，掌握检测方法；对于场效应晶体管要了解其种类和每类的特点；对于集成电路要了解其命名、分类和引脚识别。第五节介绍了电声器件、光电器件和压电器件，使读者对这些器件有一定的感性认识，为今后的使用打下基础。

　　随着电子技术的发展，元器件趋向于小型化，出现了表面安装元器件，了解其结构和封装特点十分必要。

习　题　一

　　1. 常见电阻器有哪几种，各自的特点是什么？

　　2. 根据色环读出下列电阻器的阻值和允许偏差。

　　1）棕红黑金。

2）黄紫橙银。

3）绿蓝黑银棕。

4）棕灰黑黄绿。

3.根据阻值和允许偏差，写出下列电阻器的色环。

1）用四色环表示下列电阻：6.8kΩ，±5%；39MΩ，±5%。

2）用五色环表示下列电阻：390Ω，±1%；910kΩ，±0.1%。

4.电位器的阻值变化有哪几种形式？每种形式适用于何种场合？在使用前如何检测其好坏？

5.请写出下列符号所表示的容量：220、0.022、332、569、4n7、R33。

6.怎样用万用表检测电解电容的质量？

7.电感器有哪些基本参数？各自的含义是什么？

8.常用二极管有哪几种，各自的特点是什么？

9.请写出下列二极管型号的含义：2CW52、2AP10、2CU2、2DW7C。

10.请写出下列晶体管型号的含义：3AX31、3DG201、3DD15A。

11.如何用万用表判别晶体管的三个电极（以 PNP 型为例）？

12.场效应晶体管有哪几种？各自的特点是什么？使用时应注意什么？

13.什么是光电耦合器？它有何作用？

14.试述液晶显示器的基本工作原理。

15.什么是 SMT、SMC、SMD？表面安装元器件有哪些优点？

16.比较 SOJ、SOP、QFP、PLCC、BGA、COB 等封装形式，指出其不同之处。

17.将 LM35 放在房间中，按照图 1-41 所示接上电源和地，测量其输出电压为 200mV，此时房间的温度是多少？

18.使用 HY–SRF05 超声波传感器模块测量其到墙壁的距离，当回响端高电平持续时间是 5ms 时，超声波传感器模块距离墙壁多少米？

19.试述 MQ–2 烟雾传感器的工作原理。

第二章　印制电路板的设计与制作

通过专门工艺，在一定尺寸的绝缘基材覆铜板上，按预定设计，印制导线和小孔，可在板上实现元器件之间的相互连接，这种电路板称为印制电路板（Printed-Circuit Board，PCB），简称印制板。

印制电路板具有以下三个特点：

1）体积小，布线密度高，有利于电子设备的小型化，降低产品的成本，提高电子设备的质量和可靠性。

2）具有良好的产品一致性，可采用标准化设计，有利于实现生产过程机械化和自动化。

3）简化了电子产品的装配、焊接和调试工作。

由于具有以上特点，印制电路板广泛应用于各种电子产品中。

本章通过介绍印制电路板的设计原则、手工制作方法和设计软件使用方法、可制造性设计要求，培养读者的工程质量意识、严谨细致的工匠精神。

第一节　印制电路板的种类与结构

一、印制电路板的种类

印制电路板的种类很多，按结构可分为单面印制电路板、双面印制电路板、多层印制电路板和软性印制电路板。

PCB 的种类和组成

（1）单面印制电路板　它是最早使用的印制电路板，仅一个表面具有导电图形，而且导电图形比较简单，如图 2-1 所示。它主要用于一般电子产品中。

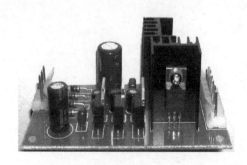

图 2-1　单面印制电路板

（2）双面印制电路板　它是两个表面都具有导电图形的印制电路板，并且用金属化孔使两面的导电图形连接起来，如图 2-2 所示。双面印制电路板的布线密度比单面印制电路板高，使用更为方便，主要用于较高档的电子产品和通信设备中。

（3）多层印制电路板　它是由三层以上相互连接的导电图形层，层间用绝缘材料相隔，并经黏合后形成的印制电路板，如图 2-3 所示。多层印制电路板的导电图形制作比较复杂，满足集成电路的需要，可使整机小型化；同时提高了布线密度，缩小了元器件的间距，缩短了信号的传输路径；减少了元器件焊接点，降低了故障率，提高了整机的可靠性，广泛用于计算机和通信设备等高档电子产品中。

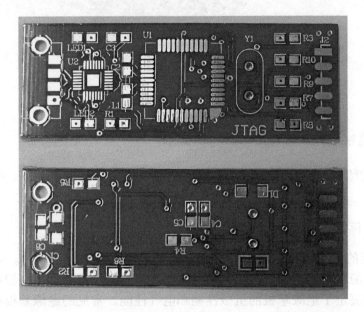

图 2-2　双面印制电路板

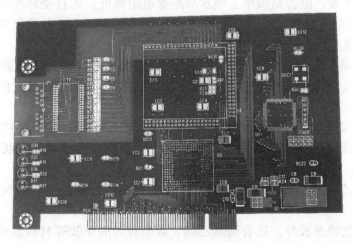

图 2-3　多层印制电路板

（4）软性印制电路板　它是以聚四氟乙烯、聚酯等软性材料为绝缘基板制成的印制电路板。可折叠、弯曲和卷绕；在三维空间里可实现立体布线，如图 2-4 所示。它的体积小、重量轻，装配方便，容易按照电路要求成形，提高了装配密度和板面利用率，主要用于高档电子产品如便携式计算机、手机和通信设备中。

图 2-4　软性印制电路板

二、印制电路板的结构

一块完整的印制电路板主要包括以下五个部分：绝缘基板、铜箔、孔、阻焊层和丝印层。

（一）绝缘基板

印制电路板的绝缘基板是由高分子的合成树脂与增强材料组成的。合成树脂的种类很多，常用的有酚醛树脂、环氧树脂和聚四氟乙烯树脂等。增强材料一般有玻璃布、玻璃毡或纸等，它们决定了绝缘基板的机械性能和电气性能。常见的绝缘基板有以下四种。

（1）酚醛纸层压板　这种绝缘基板由绝缘浸渍纸或棉纤维浸渍纸浸以酚醛树脂经热压而成。它价格低廉，但容易吸水，吸水后绝缘电阻降低，而且受环境温度影响大，当环境温度高于100℃时机械性能变差。这种绝缘基板广泛用于一般电子设备中，恶劣环境和高频条件下不宜使用。

（2）酚醛玻璃布层压板　这种绝缘基板用无碱玻璃布浸以酚醛树脂经热压制成。它具有质量轻、电气性能和机械性能良好等优点，主要用于工作温度和工作频率较高的电子设备中。

（3）环氧酚醛玻璃布层压板　这种绝缘基板用玻璃布浸以环氧树脂和酚醛树脂配成的合成树脂经热压而成。它的机械性能和电气性能都优于酚醛纸层压板，而且它透明度好，但价格偏高。

（4）聚四氟乙烯层压板　这种绝缘基板具有良好的耐湿热性和电气性能，用于高频或超高频电路中。

除以上四种绝缘基板外，还有聚苯乙烯、聚酯和聚酰亚胺等材料制成的绝缘基板。

（二）铜箔

铜箔是印制电路板表面的导电材料，它通过黏合剂粘贴在绝缘基板的表面，然后再制成焊盘和印制导线，在板上实现元器件的相互连接。因此铜箔是印制电路板的关键材料，必须具有较高的电导率和良好的焊接性。铜箔表面不得有划痕、砂眼和起皱。铜箔的厚度有 18μm、25μm、35μm、70μm 和 105μm 等，通常使用的铜箔厚度是35μm。

1. 焊盘

在印制电路板中，焊盘起着连接元器件引线和印制导线的作用，它由安装孔及其周围的铜箔组成。

（1）焊盘的尺寸　焊盘的尺寸取决于安装孔的尺寸，安装孔在焊盘的中心，用于固定元器件引线，显然安装孔的直径应稍大于元器件引线的直径。一般安装孔的直径最小应比元器件引线的直径大 0.4mm，但最大不能超过元器件引线直径的 1.5 倍，否则在焊接时，不仅用锡量多，而且会因为元器件的活动造成虚焊，使焊接的机械强度变差。

（2）焊盘的形状　焊盘的形状和尺寸不仅要有利于增强焊盘和印制导线与绝缘基板的粘贴强度，而且也应考虑焊盘的工艺性和美观。常见的焊盘有以下几种：

1）圆形焊盘。如图 2-5 所示，焊盘与安装孔是同心圆，焊盘的外径一般为孔径的 2～3 倍。设计时，如果印制电路板的密度允许，焊盘不宜过小，否则焊接中容易脱落。同一块印制电路板上，除个别大元器件需要大孔以外，一般焊盘的外径应取为一致，这样不仅美观，而且容易绘制。

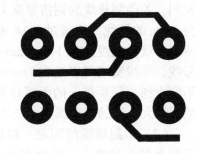

图 2-5　圆形焊盘

2）岛形焊盘。如图 2-6 所示，焊盘与焊盘结合为一体，犹如水上小岛，故称为岛形焊盘。它常用于不规则排列，特别是当元器件采用立式不规则固定时更为常用，收录机、电视机等家用电器都采用这种焊盘。岛形焊盘可大量减少印制导线的长度和根数，并能在一定程度上抑制分布参数对电路造成的影响。此外，焊盘与印制导线合为一体后，铜箔面积加大，使焊盘和印制导线的抗剥强度增加。

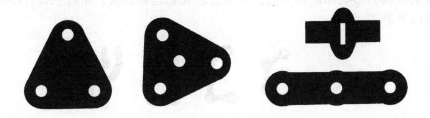

图 2-6　岛形焊盘

3）椭圆形焊盘。椭圆形焊盘如图 2-7 所示。一般封装的集成电路两引脚之间的距离只有 2.5mm，在这么小的间距里走线会比较困难，因此只能采用椭圆形焊盘，椭圆形焊盘有利于斜向布线，从而缩短了布线长度。

4）其他焊盘。除了以上形状的焊盘外，还有泪滴形焊盘、八角形焊盘和开口形焊盘，如图 2-8 所示，其中泪滴形焊盘的牢固性最强。

在印制电路板的设计中，不必拘泥于一种形式的焊盘，要根据实际情况灵活变换。

图 2-7　椭圆形焊盘

泪滴形　八角形　开口形

图 2-8　其他焊盘

2. 印制导线

（1）印制导线的宽度　由于印制导线具有一定的电阻，当有电流通过时，一方面会产生电压降，造成信号电压的损失或使地电流经地线时产生寄生耦合；另一方面会产生热量。当导线流过电流较大时，产生的热量较多，易造成印制导线因粘贴强度降低而剥落。因此，在设计时应考虑印制导线的宽度，一般印制导线的宽度可设为 0.3 ～ 2.0mm。实验证明，若印制导线的铜箔厚度为 0.05mm，则宽度为 1mm 的导线允许通过 1A 电流，宽度为 2mm 的导线允许通过 1.9A 电流，因此可以近似认为导线的宽度等于载流量的安培数。所以导线的宽度选在 1 ～ 2mm 范围内，就可以满足一般电路的要求。对于集成电路的信号线，导线宽度可以选在 1mm 以下，但为了保证在板上的抗剥强度和工作可靠性，导线不宜太细。只要板上的面积和导线密度允许，应尽可能采用较宽的导线，特别是电源线、地线和大电流的信号线更要适当加大宽度。

（2）印制导线的间距　在正常情况下，导线间距的确定应考虑导线之间击穿电压在最坏条件下的要求。在高频电路中还应考虑导线的间距将影响分布电容、电感的大小，从而影响电路的损耗和稳定性。一般情况下，建议导线的间距等于导线宽度，但不小于 1mm。实验证明，导线间距为 1mm 时，工作电压可达 200V，击穿电压为 1500V。因此，导线间距在 1 ～ 2mm 范围内就可以满足一般电路的需求。

（3）印制导线的形状　印制导线的形状如图 2-9 所示。由于印制电路板的铜箔粘贴强度有限，印制导线的形状如设计不当，往往会造成翘起和剥脱，所以在设计印制导线的形状时应遵循以下原则：

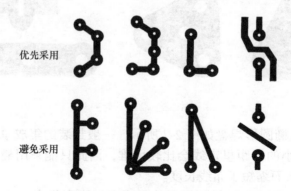

优先采用

避免采用

图 2-9　印制导线的形状

1）印制导线不应有急剧的弯曲和尖角，最佳的拐弯形式是平缓过渡，拐角的内、外角最好都是圆弧，其半径不得小于 2mm。

2）导线与焊盘的连接处也要圆滑，避免出现小尖角。

3）导线应尽可能地避免分支，如必须有分支，分支处应圆滑。

4）当导线通过两个焊盘之间而不与之连通时，应该使导线与它们的间距保持最大且相等。同样，导线之间的间距也应该保持最大间距并且均匀相等。

（三）孔

印制电路板的孔有元器件安装孔、工艺孔、机械安装孔和金属化孔等，如图 2-10 所示。它们主要用于基板加工、元器件安装、产品装配及不同层面之间的连接。元器件安装孔用于固定元器件引线。安装孔的直径有 0.8mm、1.0mm 和 1.2mm 等，同一块印制电路板安装孔的尺寸规格应尽量少一些。

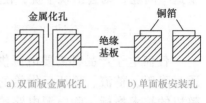

图 2-10　印制电路板的孔

金属化孔是把铜沉积在贯通两面导线或焊盘的孔壁上，使原来非金属的孔壁金属化，使双面印制电路板两面的导线或焊盘实现连通。

（四）阻焊层

阻焊层是指在印制电路板上涂覆的绿色阻焊剂。阻焊剂是一种耐高温涂料，除了焊盘和元器件安装孔以外，印制电路板的其他部位均在阻焊层之下。这样可以使焊接只在需要焊接的焊点上进行，而将不需要焊接的部分保护起来。应用阻焊剂可以防止搭焊连桥所造成的短路，减少返修，使焊点饱满，减少虚焊，提高焊接质量，减少焊接时受到的热冲击，使板面不易起泡、分层，减少了潮湿气体和有害气体对板面的侵蚀。

（五）丝印层

丝印层一般用白色油漆制成，主要用于标注元器件的符号和编号，便于印制电路板装配时的电路识别。

第二节　印制电路板的基本设计原则

印制电路板设计是电子产品制作的重要环节，其合理与否不仅关系到电路在装配、焊接、调试和检修过程中是否方便，而且直接影响到产品的质量与电气性能，甚至影响到电路功能能否实现。因此，掌握印制电路板的设计方法十分重要。

一般说来，印制电路板的设计不需要严谨的理论和精确的计算，布局排版并没有统一的固定模式。对于同一张电路原理图，因为思路不同、习惯不一、技巧各异，会出现各种设计方案，结果具有很大的灵活性和离散性。

印制电路板的设计是电子知识的综合运用，需要有一定的技巧和丰富的经验。这主要取决于设计者对电路原理的熟悉程度，以及元器件布局、布线的工作经验。对于初学者来说，首先就是要熟练掌握电路原理和一些基本布局、布线原则，然后通过大量实践，在实践中摸索、领悟，并积累布局、布线的工作经验，才能不断地提高印制电路板的设计水平。

一、印制电路板上的干扰与抑制

干扰现象在整机调试中经常出现，其原因是多方面的。不仅有外界因素造成的干扰（如电磁波），而且还有印制电路板元器件布局不当、绝缘基板布线不合理等造成的干扰，若在电路设计和排版设计中对这些干扰予以重视，则可完全避免。相反，若在设计中忽略了这些问题，则会出现干扰，使设计失败。

（一）电源的干扰与抑制

任何电子产品都需要电源供电，并且绝大多数是由市电通过降压、整流、稳压后供给的。供电电源的质量直接影响整机的技术指标，除电源电路的原理性设计外，电源印制电路板设计中的元器件布局、工艺布线，尤其是去耦电容的位置不正确，都会对电源质量产生影响。例如，在图 2-11 所示

PCB 的干扰及抑制

的稳压电路中，整流二极管接地过远，交流回路的滤波电容与直流电源的取样电阻共用一段导线接地，就会因布线不合理而导致交流回路和直流回路彼此相连，交流信号对直流信号产生干扰，使电源质量下降。

在印制电路板上，若直流电源的去耦电容所放位置不正确，就起不到去耦的作用。一般用铝电解电容（10μF 左右）滤除低频干扰，并将其放置在印制电路板电源入口处（不推荐）；陶瓷电容（680μF ～ 0.1pF）用于滤除高频干扰，必须将其靠近集成电路的电源端且与其地线连接（推荐），如图 2-12 所示。陶瓷电容的容量根据集成电路的工作速度和工作频率选择，工作速度越快，工作频率越高，电容的容量越小。

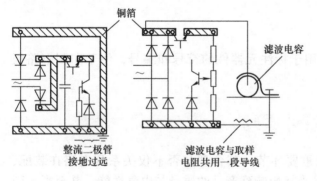

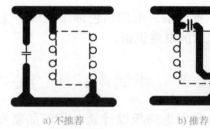

铜箔

滤波电容

整流二极管
接地过远

滤波电容与取样
电阻共用一段导线

a) 不推荐　　　b) 推荐

图 2-11　电源布线不当产生的干扰　　　　图 2-12　滤波去耦电容的位置

（二）磁场的干扰与抑制

印制电路板的特点是元器件安装紧凑、连接密集，这一特点无疑是印制电路板的优点，但如果设计不当，这一特点就会给整机带来麻烦，例如印制电路板分布参数造成的干扰、元器件之间的磁场干扰等，在排版设计中必须引起重视。

1. 印制导线间的寄生耦合

两条相距很近的平行导线，它们之间的分布参数可等效为相互耦合的电感和电容。当信号从一条线中通过时，另一条线内也会产生感应信号，感应信号的大小与电流的流向、原始的频率和功率有关，此感应信号就是由分布参数产生的干扰。为了抑制这种干扰，排版前应分析原理图，区别强弱信号线，使弱信号线尽量短，并避免与其他信号线平行；如果不能避免平行线，可以拉开两平行线的距离或在两平行导线间布上一根地线。对于双面印制电路板，两面的印制导线走向要相互垂直，尽量避免平行布线，如图 2-13 所示。这些措施可以减少分布参数造成的干扰。

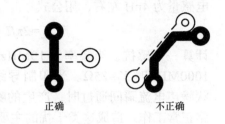

正确　　　不正确

图 2-13　双面印制电路板的布线

2. 磁性元器件的干扰

磁性元器件对电路也会造成干扰。例如，扬声器、电磁铁产生的恒定磁场，高频变压器、继电器等产生的变化磁场，不仅对周围元器件产生干扰，而且对印制导线也会产生影响。抑制这些干扰的措施如下。

1）两个磁性元器件的相互位置应使两个磁场方向相互垂直，这样可使它们之间的耦合最弱。

2）采用导磁材料对干扰源进行磁屏蔽，有两种形式：一是用屏蔽罩进行屏蔽，并且屏蔽罩要良好接地；二是用铁氧体磁珠套在元器件的引脚上实现屏蔽。

（三）热干扰与抑制

温度升高造成的干扰在印制电路板设计中也应引起注意。例如，晶体管是一种温度敏感器件，特别是锗材料的半导体器件，更易受环境温度的影响而使工作点漂移，使整个电路性能发生变化，因而在排版时应予以考虑。

1）对于发热元器件，应优先安排在有利于散热的位置，尽量不要把几个发热元器件放在一起。必要时可单独设置散热片或增加散热用的风扇，以降低温度对邻近元器件的影响。

2）对于温度敏感的元器件，如晶体管、集成电路、大容量的电解电容及其他热敏元器件等，不宜放在热源附近或设备的上部。

（四）地线公共阻抗的干扰与抑制

电子线路工作时需要直流电源供电，直流电源的某一极往往作为测量各点电压的参考点，与此极连接的导线即为电路的地线，它表示零电位的概念。但在实际的印制电路板上，由于地线具有一定的电阻和电感，当电路工作时，地线具有一定的阻抗，当地线中有电流流过时，阻抗的存在必然使地线上产生电压降，这个电压降使地线上各点电位都不相等，这会给各级电路带来干扰，如图 2-14 所示。由于电源提供的电流既有直流分量又有交流分量，因而在地线中，由于地线阻抗产生的电压降，除直流电压降外，还有各种频率成分的交流电压降，这些交流电压降加在电路中，就形成了电路单元间的互相干扰。实验证明：流过印制导线的电流频率越高，感抗成分占整个阻抗的比例越大，干扰也就越大。

例如，一块铜箔厚度为 35μm 的印制电路板，印制导线宽度为 1mm，则每 10mm 印制导线的阻值为 5mΩ 左右，其电感量为 4nH 左右，用公式

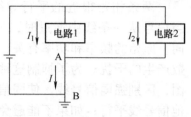

图 2-14　地线产生的干扰

$$X_L=2\pi fL$$

计算一下感抗，当频率为 10MHz 时 X_L=0.25Ω，当频率为 1000MHz 时 X_L=25Ω。当印制导线上有峰值为 1A 的脉冲状噪声电流瞬间通过时，产生的噪声电压降很大，影响电路正常工作。造成这类干扰的主要原因在于两个以上回路共用一段地线。为克服地线公共阻抗的干扰，在布设地线时应遵循以下五个原则。

1）地线一般布设在印制电路板边缘，以便于印制电路板安装在机壳底座或机架上。

2）低频信号地线采用一点接地的原则。如果形成多点接地，会出现闭合的接地环路，低频或脉冲磁场穿过该环路时将产生磁感应噪声，于是不同接地点之间会出现地电位差，形成干扰。通常一点接地有以下两种形式：

① 串联式一点接地，如图 2-15 所示。各单元回路一点接地于公共地线，但各回路离电源远近不同，离电源最远的回路 C 因地线阻抗最大所受的干扰最大，而离电源最近的回路 A 因地线阻抗最小所受的干扰最小。由于各回路抗干扰的能力不同，所以在这种地线系统中，除了要设计低阻抗地线外，还应将易受干扰的敏感电路单元尽可能靠近电源。串联式一点接地能有效地避免公共阻抗和接地闭合回路造成的干扰，而且简单经济，在电路中被广泛采用。

② 并联式一点接地，如图 2-16 所示。以面积足够大的铜箔作为接地母线，并直接接到电位参考点，需要接地的各部分就近接到该母线上。由于接地母线阻抗很小，故能够把公共阻抗干扰减弱到允许的程度。

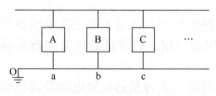

图 2-15　串联式一点接地

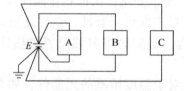

图 2-16　并联式一点接地

3）小信号模拟电路和大信号功放电路并存的电路采用大、小信号地线分开的办法。大信号地线在布设时，接地点应安排在靠近电源的地方；小信号地线在布设时，接地点应安排在远离电源的地方。

4）高频电路宜采用多点接地。在高频电路中应尽量扩大印制电路板上地线的面积，这样可以有效减少地线的阻抗。对于双面印制电路板，可利用其中一个导电平面作为参考地，需要接地的各部分可就近接到该参考地上。由于导电平面的高频阻抗很低，所以各处的参考电位比较接近，可有效减少地线的阻抗。

5）在一块印制电路板上，如果同时布设模拟电路和数字电路，两种电路的地线要完全分开，供电也要完全分开，以抑制它们之间的相互干扰，如图 2-17 所示。

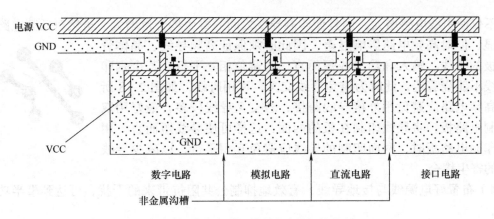

图 2-17 模拟电路和数字电路的地线分割

二、元器件的布局原则

在印制电路板的排版设计中，元器件的布局至关重要，它决定了板面的整齐美观程度和印制导线的长短与数量，对整机的可靠性也有一定的影响。布设元器件时应遵循以下五个原则：

1）在通常情况下，所有元器件均应布置在印制电路板的一面。对于单面印制电路板，元器件只能安装在没有导线的一面；对于双面印制电路板，元器件也应安装在印制电路板的一面；如果需要绝缘，可在元器件与印制电路板之间垫绝缘薄膜或在元器件与印制电路板之间留有 1～2mm 的间隙。在条件允许的情况下，尽量使元器件在整个板面上分布均匀、疏密一致。

2）在保证电气性能的前提下，元器件应相互平行或垂直排列，以求整齐、美观。

3）重而大的元器件，尽量安置在印制电路板上紧靠固定端的位置，并降低重心，以提高机械强度和耐振动、耐冲击能力，减少印制电路板的负荷和变形。

4）发热元器件应优先安排在有利于散热的位置，必要时可单独安装散热器，以降低和减少对邻近元器件的影响。对热敏感的元器件应远离高温区。

5）对电磁感应较灵敏的元器件和电磁辐射较强的元器件在布局时应避免它们之间的相互影响。

三、印制导线的布线原则

元器件布局完成后，就可以根据电路原理图安排和绘制各元器件的连接线，即印制导线的布线设计。布线对整机的电气性能影响较大，其原则如下：

1）公共地线一般布置在印制电路板的最边缘，既便于印制电路板安装在机架上，也便于与机架地相连接。电源、滤波等低频直流导线和元器件靠边缘布置，高频元器件和导线布置在印制电路板的中间，以减小它们对地线和机壳的分布电容。

2）印制导线与印制电路板的边缘应留有一定的距离（一般不小于 2.5mm），这样便于安装导轨，进行机械加工，以及在自动化生产线上进行焊接。

3）单面印制电路板的某些印制导线有时要绕着走或平行走，这样印制导线就比较长，不仅使引线电感增大，而且使印制导线之间的寄生耦合也增大，虽然对低频电路影响不明显，但对高频电路影响显著，因此必须保证高频导线、晶体管各电极的引线、输入和输出线短而直，并避免相互平行。若个别印制导线不能绕着走，此时为避免导线交叉，可用跨线，如图 2-18 所示。高频电路应避免用外接导线跨接，若交叉导线较多，最好用双面印制电路板，将导线印制在板的两面，这样可使导线短而直。用双面印制电路板时，两面印制的导线应避免互相平行，以减少导线之间的寄生耦合。

图 2-18　避免导线交叉的处理方法

4）布置好电源线与接地导线，有效地抑制公共阻抗带来的干扰，可达到事半功倍的效果。

5）印制导线的布线要整齐美观、有条理，与元器件布局应协调。在电气性能允许的前提下，布线宜同向平行，且在印制导线转弯处宜用 135° 角，避免使用锐角和直角。

四、表面安装印制电路板的设计

表面安装技术（SMT）和通孔插装技术（THT）的印制电路板设计规范大不相同。在确定表面安装印制电路板（SMB）的外形、焊盘图形和布线方式时应充分考虑电路板组装的类型、贴装方式、贴片精度和焊接工艺等，只有这样，才能保证焊接质量，提高功能模块的可靠性。

（一）SMB 的布局原则

布局是指按照电路原理图的要求和元器件的外形尺寸，将元器件均匀整齐地布置在印制电路板上，并满足整机的机械和电气性能要求。SMB 上元器件的布局应遵循以下原则：

1）元器件要均匀分布，并尽量使它们在板上的排列方向一致，如图 2-19 所示。

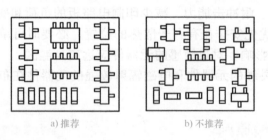

a) 推荐　　　　　　　　　　b) 不推荐

图 2-19　元器件的排列方向尽量一致

2）双面贴装的元器件，两面体积较大的元器件要错开装配位置。否则，在焊接过程中会因为局部热量增大而影响焊接效果。

3）相互连线的元器件应相对靠近排列，以利于提高布线密度并保证走线距离最短。

（二）SMB 的布线原则

1）尽量走短线，特别是对于小信号电路而言，线越短电阻越小，干扰越小，同时耦合线长度要尽量减短。

2）同一层上的信号线改变方向时应避免直角拐弯，尽可能走斜线，且曲率半径尽可能大些。

3）印制电路板上印制导线的宽度要求尽量一致，这样有利于阻抗匹配。

4）焊盘与大面积铜箔采用十字形或米字形连接，如图 2-20 所示。

图 2-20 焊盘与大面积铜箔的连接方式

5）对于电源线和地线而言，走线面积越大越好，这样有利于减少干扰；对于高频信号线而言，最好用地线屏蔽。

（三）焊盘的设计

目前表面安装元器件还没有统一标准，不同国家、不同厂商所生产的元器件外形封装都有差异，所以在选择焊盘尺寸时，应将自己所选用元器件的封装外形、引脚等与焊接相关的尺寸进行比较，确定焊盘长度、宽度。

1. 焊盘长度

焊盘长度在焊点可靠性中所起的作用比焊盘宽度更为重要，焊点可靠性主要取决于长度而不是宽度。如图 2-21 所示，其中焊盘长度 L_1、L_2 尺寸的选择要有利于焊料熔融时能形成良好的弯月形轮廓，还要避免焊料产生桥接现象，以及兼顾元器件的贴片偏差（偏差在允许范围内），以利于增加焊点的附着力，提高焊接可靠性。一般 L_1 取 0.5mm，L_2 取 0.5 ~ 1.5mm。

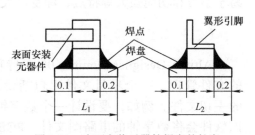

图 2-21 表面安装元器件焊盘的长度

2. 焊盘高度

对于 0805 以上的阻容元器件或引脚间距在 1.27mm 以上的 SOP、SOJ 等集成电路芯片而言，焊盘高度一般是在元器件引脚宽度的基础上加一个数值，数值的范围为 0.1 ~ 0.25mm，而对于引脚间距 0.65mm 以下（包括 0.65mm）的集成电路芯片，焊盘宽度应等于引脚的宽度。对于细间距的 QFP，有时焊盘宽度相对于引脚来说还要适当减小，如两焊盘之间有引线穿过时。

3. 焊盘的要求

1）焊盘之间、焊盘与通孔盘之间及焊盘与大面积接地铜箔之间的连线，其宽度应等于或小于其中较小焊盘宽度的二分之一。

2）应尽可能避免在细间距元器件的焊盘之间穿越连线，确需在焊盘之间穿越连线时，应用阻焊膜对其加以可靠的遮蔽。

3）焊盘内及其边缘处不允许有通孔。

4）凡用于焊接表面安装元器件的焊盘（即焊接点处），绝不允许兼作检测点。检测点应设计成专用的测试焊盘。

5）焊盘内不允许有字符与图形等标志符号，标志符号离焊盘边缘的距离应大于0.5mm。

在设计 SMB 时，必须对以上各点给予足够的重视，才能保证所设计的印制电路板符合表面安装技术生产工艺的要求，同时保证产品的焊接质量。

第三节　Altium Designer Summer 09 软件的使用

现代计算机的发展为电路原理图和 PCB 设计提供了强有力的手段。目前，常用的电子 CAD（计算机辅助设计）软件有 Altium Designer、Cadence、PADS、Proteus 等，其中 Altium Designer Summer 09 应用最为广泛。

一、软件简介

（一）概述

Altium Designer Summer 09 是一款 EDA（电子设计自动化）工具软件，它是将电子设计工程师的创意转变成实际的电路乃至于成品 PCB 的一个工具软件，具有使用简单、易于学习和功能强大等特点，深受广大 PCB 设计人员的喜爱。

（二）项目文件

Altium Designer Summer 09 支持项目级别的文件管理，一个项目文件里包括设计中生成的一切文件。例如，要设计一个数字钟电路板，该软件会将数字钟的电路图文件、PCB 图文件、设计中生成的各种报表文件及元器件的集成库文件等放在一个项目文件中，这样非常便于文件管理。项目文件类似于 Windows 系统中的文件夹，在项目文件中可以执行对文件的各种操作，如新建、打开、关闭、复制与删除等。图 2-22 所示为任意打开的一个项目文件，从该图可看出，该项目文件包含了与整个设计相关的所有文件。

图 2-22　项目文件

（三）项目文件的操作

1. 运行软件

双击桌面的 图标，启动 Altium Designer Summer 09 后便可进入主窗口，如图 2-23 所示。主窗口的界面风格类似于 Windows 窗口，它主要包括 6 个部分，分别为菜单栏、工具栏、工作窗口、工作面板、面板控制栏和导航栏。

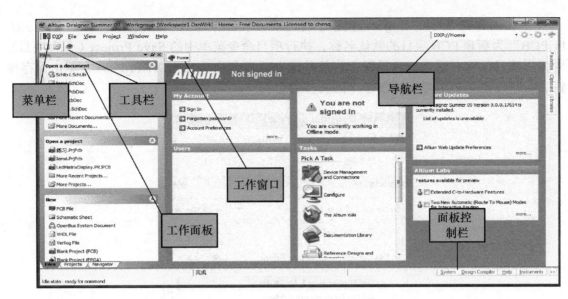

图 2-23 Altium Designer Summer 09 的主窗口

2. 项目文件的创建

具体步骤是:

① 单击菜单命令 File（文件）→ New（新建）→ Project（项目）→ PCB Project（印制电路板项目），如图 2-24 所示。

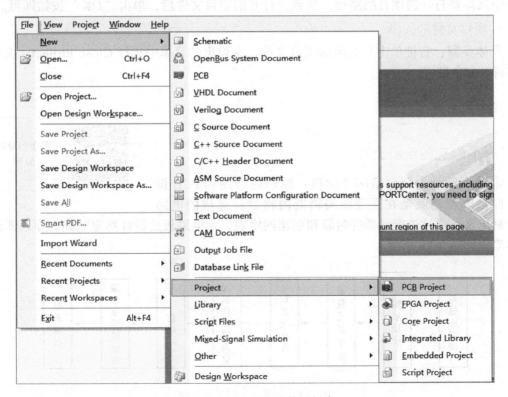

图 2-24 PCB 项目文件的创建

② 在图 2-25 所示的 Projects 面板中将出现一个新的 PCB 项目文件，"PCB_Project1. PrjPCB"为新建 PCB 项目的默认名称，执行项目命令菜单中的 Save Project（保存项目），则弹出项目保存对话框。选择保存路径并输入项目名称"MYEX1.PrjPcb"，单击保存按钮后，即可建立 PCB 项目 MYEX1 的文件夹。

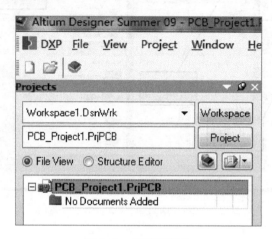

图 2-25　创建的项目

3. 项目文件的打开

具体步骤是：单击 File 菜单命令，选择 Open Project（打开项目文件），在弹出的对话框中选择要打开的项目的路径，找到要打开的项目文件后，单击"OK"按钮即可。

4. 项目文件的关闭

具体步骤：右键单击要关闭的项目文件，在弹出的菜单中选择 Close Project（关闭项目文件）命令即可。

二、原理图绘制

（一）原理图绘制流程

电路板设计主要包括两个阶段：原理图绘制和 PCB 设计。原理图绘制就是在原理图编辑器内将设计完成的电路图绘制出来，通过进行元器件封装和创建网络表，为电路板的设计奠定基础。原理图绘制基本流程如图 2-26 所示。

原理图绘制流程

图 2-26　原理图绘制基本流程

（二）启动原理图编辑器

按照前面项目文件的创建方法创建名为"MYEX1.PrjPcb"的项目文件，并将其保存在路径为"D:\电路设计"的文件夹中。

执行菜单命令 File → New → Schematic（原理图），创建原理图文件，或右击项目文件名，在弹出的菜单中选择 Add New to Project（添加新文件到项目）→ Schematic，新建原理图文件。系统在当前项目文件夹下建立了原理图文件"Sheet1.SchDoc"并进入原理图设计界面，如图 2-27 所示。

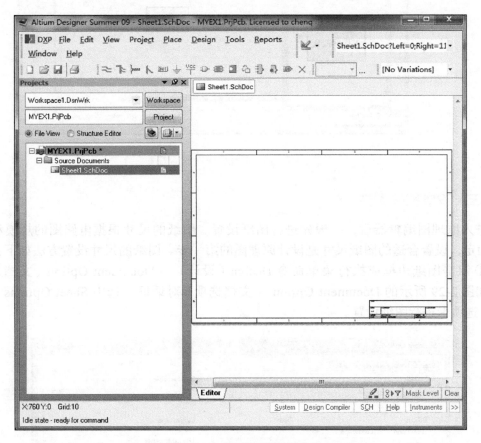

图 2-27 原理图设计界面

右击原理图文件"Sheet1.SchDoc"，在弹出的菜单中选择 Save（保存）命令，屏幕弹出一个对话框，将文件改名为"多谐振荡器"并保存。

原理图编辑器由主菜单、标准工具栏、连线工具栏、工作区、工作区面板和元器件库标签等部分组成，如图 2-28 所示。

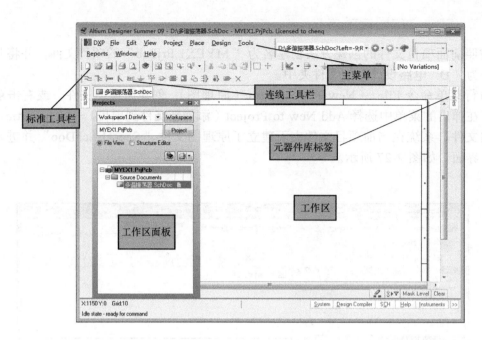

图 2-28 原理图编辑器

（三）设置图纸参数

进入原理图编辑器后，一般先进行图纸设置。图纸的尺寸根据电路图的规模和复杂程度而定，设置合适的图纸尺寸是设计原理图的第一步。图纸的尺寸设置方法如下：

① 双击图纸边框或执行菜单命令 Design（设计）→ Document Option（文档选项），弹出如图 2-29 所示的 Document Options（文档选项）对话框，选中 Sheet Options（图纸选项）选项卡进行图纸设置。

图 2-29 Document Options 对话框

② 在图纸选项卡中，单击 Standard styles（标准风格）右侧的下拉列表框即可选定图纸的尺寸，如图 2-30 所示。标准的图纸主要有：A0、A1、A2、A3 和 A4，它们为公制标准，依次从大到小排列；下拉列表框中的 A、B、C 和 D 为英制标准。默认图纸为 A4，这里选中默认值，单击"OK"按钮确认。

（四）加、卸载元器件库

设置好图纸的尺寸后，就需要加载元器件库。单击原理图编辑器右侧的 Libraries（元器件库）标签，弹出元器件库面板，如图 2-31 所示。

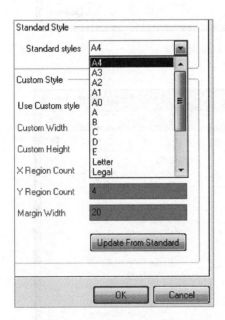

图 2-30　Standard Style 下拉列表

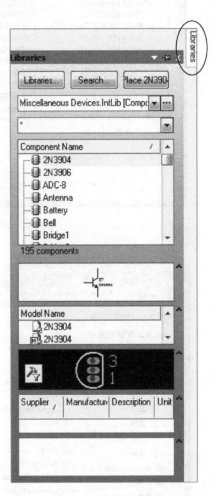

图 2-31　元器件库面板

单击元器件库面板中 Libraries 按钮，弹出图 2-32 所示的 Available Libraries 对话框。单击 Install（安装）按钮，屏幕弹出"打开"对话框，如图 2-33 所示，选中元器件库，单击"打开"按钮完成元器件库的加载。

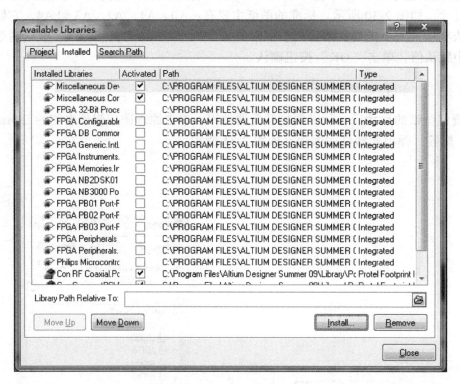

图 2-32 Available Libraries 对话框

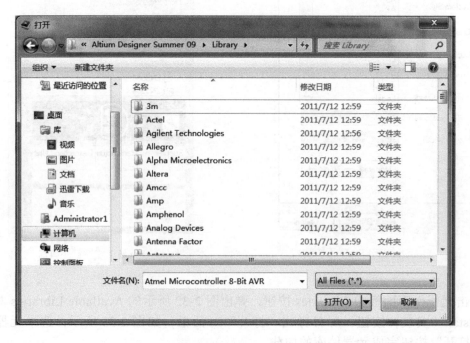

图 2-33 "打开"对话框

（五）放置元器件

1. 元器件放置

库文件加载完成后，就可以从对应库中选择元器件添加到图纸上了。本例以放置晶体管 2N3904 为例，它在 Miscellaneous Device.IntLib 库中，放置前先加载该库。放置步骤如下：

打开 Libraries 面板，加载 Miscellaneous Device.IntLib 库。在元器件列表中找到 2N3904，面板中将显示它的元器件符号和封装图，如图 2-31 所示。单击 Place 2N3904 按钮，将光标移动到工作区中，此时元器件以虚框的形式粘在光标上，将此元器件移动到合适位置，再次单击，元器件就放置到图纸上了，如图 2-34 所示，此时系统仍处于放置元器件状态，可继续放置该元器件，右击可退出放置状态。

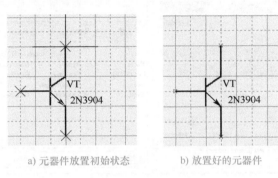

a) 元器件放置初始状态　　　　　b) 放置好的元器件

图 2-34　放置元器件

为了便于连线，在放置结束后，仍会调整图中部分元器件的位置和方向，可以通过如下方式调整：

将光标移到待调整的元器件上，按住鼠标左键不放，拖动鼠标，当元器件调整好位置后，松开鼠标即可。在元器件上按下鼠标左键不放，同时按下 < 空格 > 键使元器件按顺时针方向旋转，按 <X> 键使元器件水平翻转，按 <Y> 键使元器件垂直翻转。

2. 元器件属性编辑

当元器件处于虚框状态时，按 <Tab> 键，或元器件放置好后双击元器件，系统弹出 Component Properties（元器件属性）对话框，如图 2-35 所示，此时可以修改元器件的属性。

Designator（标识符）是元器件的编号，如 R1、C1 等；Comment（注释）一般是元器件的型号，可根据情况确定其是否显示，若不想显示注释部分的内容，则将其右侧的 Visible（可视）前的 "√" 去掉。对于元器件标称值的大小，可通过更改右侧参数区域中 Value（参数）的内容实现。

（六）放置电源和地符号

执行菜单命令 Place（放置）→ Power Port（电源端口），或单击连线工具栏上的第五个按钮 ⏚ 或第六个按钮 ⏚，然后按 <Tab> 键打开 Power Port（电源端口）对话框，如图 2-36 所示。

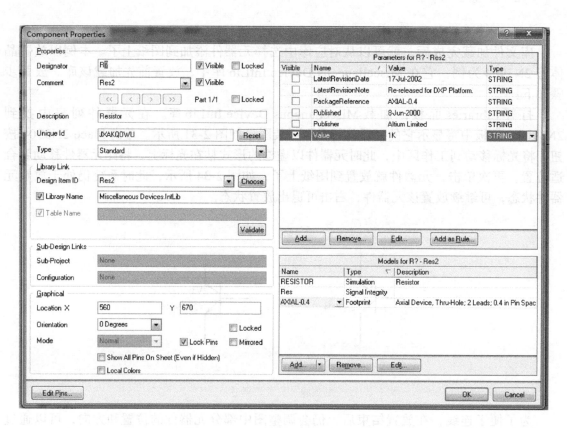

图 2-35　Component Properties 对话框

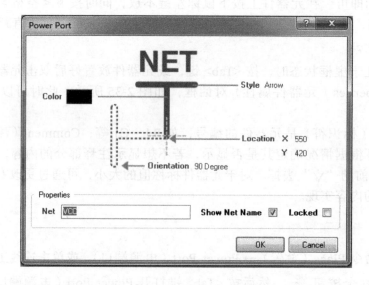

图 2-36　Power Port 对话框

其中 Net（网络）文本框可以设置电源端口的网络名，通常电源符号设为 VCC，接地符号设置为 GND；将光标移动到 Orientation（方向）后的 90 Degree 处，可以选择电源符号的旋转角度；将光标移动到 Style（风格）处，可以选择电源和接地符号的形状，共 7 种，如图 2-37 所示。放置好元器件、电源和接地符号后的原理图布局如图 2-38 所示。

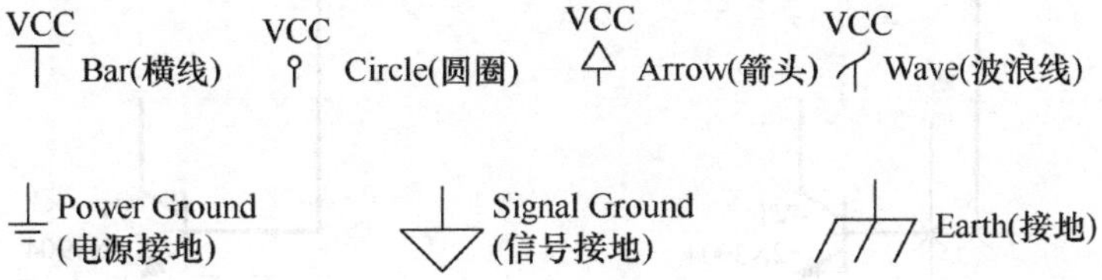

图 2-37　各种电源和接地符号

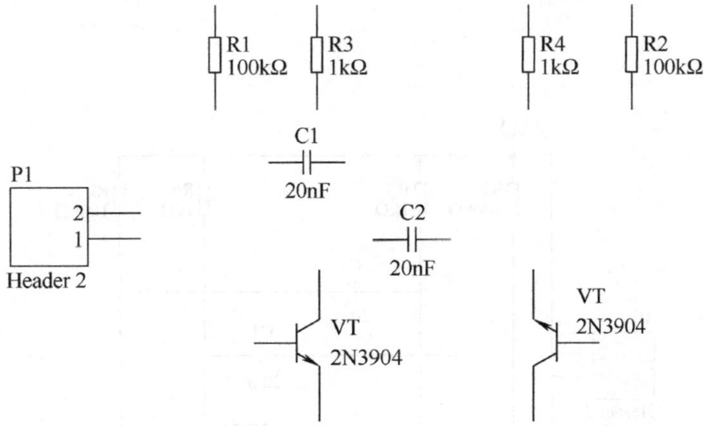

图 2-38　原理图布局

（七）连线

执行菜单命令 Place → Wire（导线），或单击连线工具栏的 ～ 按钮，光标变为"×"形，系统处于绘制导线状态。若此时按下 <Tab> 键，系统会弹出导线属性，可以修改导线的颜色和粗细。

将光标移至所需位置并单击，定义导线起点，将光标移至下一位置再次单击，完成两点连接，如图 2-39 所示。右击则退出绘制导线状态。

将图 2-38 中的元器件连好后的结果如图 2-40 所示。

（八）编译及错误检查

对于简单电路，通过自己浏览就能看出电路中存在的错误，但对于复杂电路，单靠观察不太可能查找到电路编辑过程中的所有错误。为此 Altium Designer Summer 09 提供了编译和检错的功能，执行编译后，系统会自动在原理图中有错误的地方加以标记，从而方便用户检查错误，提高设计质量。

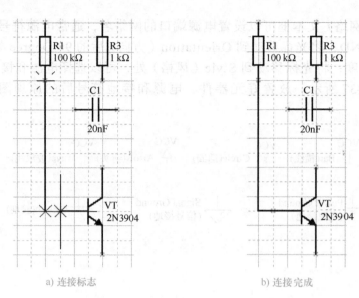

a) 连接标志　　　　　　　　　　b) 连接完成

图 2-39　放置导线示意

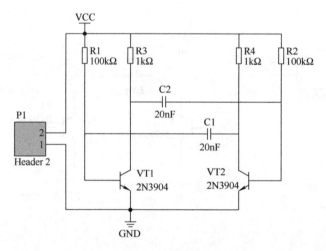

图 2-40　绘制好的原理图

对原理图进行编译,也叫 ERC(Electrical Rule Check,电气规则检查)。在进行 ERC 之前,根据需要可以对 ERC 规则进行设置。单击菜单命令 Project → Project Options(项目选项),打开 Options for PCB Project(PCB 项目选项)对话框,可在该对话框中进行 ERC 规则设置,一般采用默认值。

设置 ERC 规则后,单击菜单命令 Project → Compile PCB Project MYEX1.PrjPcb(编译"MYEX1.PrjPcb"项目)。编译后,系统的自动检错结果将显示在 Message(信息)面板中。同时在原理图中相应的出错位置放置红色波浪线作为标记。双击信息面板中的某行错误,系统会弹出图 2-41 所示的 Compile Errors(编译错误)对话框,在该对话框中单击出错元器件,原理图中的相应对象会高亮显示出来,这样可以方便快捷地定位错误。图 2-41 中提示的错误表示元器件"P?"没有编号。

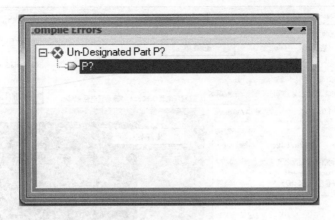

图 2-41 编译错误对话框

三、PCB 设计

（一）PCB 设计流程

使用软件设计 PCB 的基本流程如图 2-42 所示。

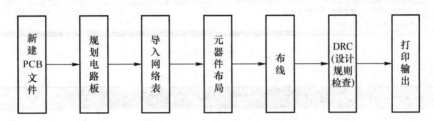

图 2-42 PCB 设计的基本流程

（二）启动 PCB 编辑器

执行菜单命令 File → New → PCB，创建 PCB 文件，或右击项目文件名，在弹出的菜单中选择命令 Add New to Project（添加新文件到项目）→ PCB，新建 PCB 文件，系统便会在当前项目文件夹下建立 PCB 文件"PCB1.PcbDoc"并进入 PCB 设计界面。

右击 PCB 文件"PCB1.PcbDoc"，在弹出的菜单中选择 Save（保存）命令，屏幕弹出一个对话框，将文件改名为"稳压电源"并保存。PCB 编辑器界面如图 2-43 所示。

（三）规划电路板

1. PCB 环境参数设置

PCB 的环境参数设置与原理图设置相似，通过参数设置，可使操作更加灵活方便。执行菜单命令 Design → Board Option（板选项）即可打开 Board Options 对话框，如图 2-44 所示，在此对话框内，对 PCB 的环境参数进行设置。

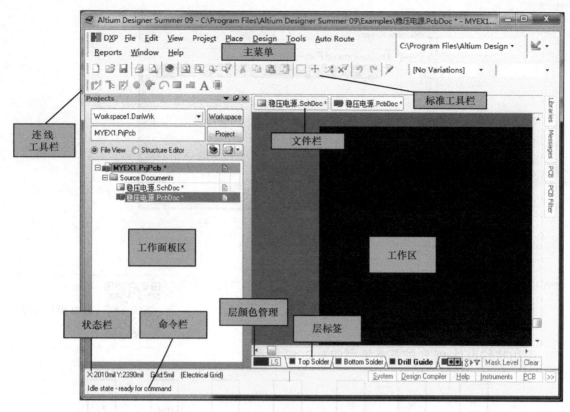

图 2-43   PCB 编辑器界面

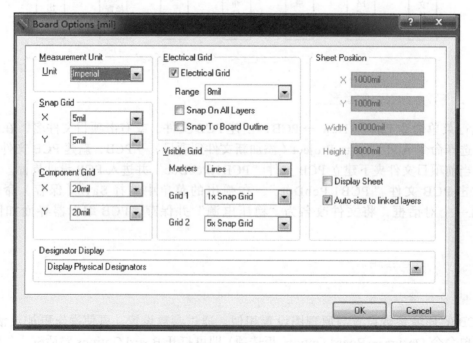

图 2-44   Board Options 对话框

Measurement Unit（测量单位）用于 PCB 中单位的设置，Metric 表示公制单位，单位是 mm；Imperial 表示英制单位，单位是 mil（读作密耳，$1mil=25.4\times10^{-6}m$）。这里选择英制单位。

Snap Grid（捕获网格），该值的大小决定光标捕获格点的间距。X 与 Y 的值可以不同。对于通孔较多的 PCB，该值可设置为 50mil 或 100mil。

Component Grid（元器件网格）是元器件格点的设置，改变该值的大小可以实现元器件的精确放置。对于通孔元器件较多的 PCB，该值设置为 50mil 或 100mil。

Visible Grid（可见网格）决定了图纸上网格的间距。通常在 Makers（标记）的下拉列表框中选择 Lines（线），可见网格分为 Grid1（网格 1）和 Grid2（网格 2），通常 Grid1 的值小于 Grid2。

2. 电路板类型设置

用户要根据实际需要，设置电路板的层数，如单面板、双面板或多层板。操作步骤如下：

执行菜单命令 Design → Layer Stack Manager（层栈管理），打开 Layer Stack Manager 对话框。在该对话框中，用户可以选择电路板的类型或设置电路板的工作层面。单击 Menu 按钮弹出菜单，如图 2-45 所示。此菜单中的 Example Layer Stacks（层堆叠样例）菜单项提供了常用不同层数的电路板层数的设置，可以直接快速地进行板层设置。

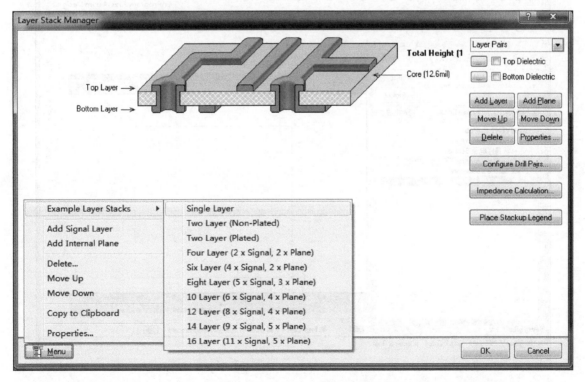

图 2-45　Layer Stack Manager 对话框的菜单

3. 工作层面设置

PCB 编辑器内显示的各个板层具有不同的颜色，以便区分。用户可根据个人习惯进行设置，并且可以决定该层是否显示出来。执行菜单命令 Design → Board Layers & Color（板层和颜色），或将光标放置在工作区并按 <L> 键，弹出板层与颜色设置对话框，对于层面颜色采用默认设置，并单击所有设置下方的 Use On（使用打开）按钮。

4. 电路板外形设置

电路板的外形设置主要包括其物理边界和电气边界的确定。理论上，物理边界定义在 Mechanical Layer（机械层），电气边界定义在 Keep Out Layer（禁止布线层），但在实际操作中，通常认为物理边界与电气边界是重合的，所以在规划边界时只规划电路板的电气边界。在规划电路板外形时应该综合考虑布线的可行性，不应一味追求小型化。电路板外形边框绘制的操作步骤如下：

① 在 PCB 编辑器中单击界面下方的 Keep Out Layer 标签，将当前工作层切换到禁止布线层。

② 执行菜单命令 Place → Line，或单击连线工具栏上的第一个按钮，光标变成十字形状，此时可根据电路板形状要求画出其电气边界。

③ 右击退出当前状态。画出电气边界的电路板如图 2-46 所示。

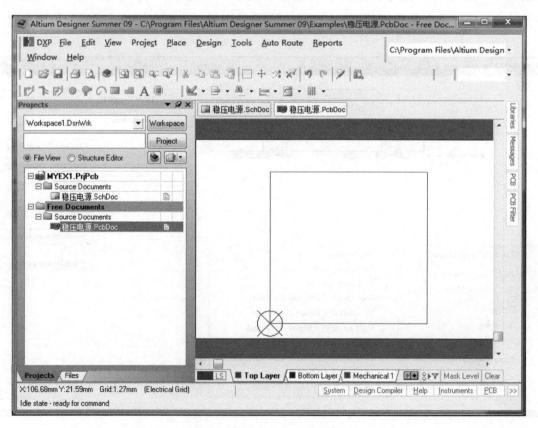

图 2-46　画出电气边界的电路板

注意事项：

① 在设置电气边界时，一定要选择 Keep Out Layer。

② 电气边界要密闭美观，否则会影响后面的自动布局、布线。

③ 线宽可以通过双击边界线，打开线属性对话框进行设置。

5. 放置安装孔

电路板的安装孔指用来固定电路板的螺钉安装孔，其大小要根据实际需要和螺钉的大小确定。一般情况下，安装孔的直径比螺钉的直径大 1mm 左右。放置安装孔的操作步骤如下：

① 执行菜单命令 Place → Pad（焊盘），或单击连线工具栏上的第四个按钮 ◎，此时光标变成十字形状，且粘有一个焊盘。

② 按 <Tab> 键打开焊盘属性对话框，如图 2-47 所示。作为安装孔，此时只需设置焊盘的内、外径尺寸和形状。X–Size 和 Y–Size 为焊盘的外径尺寸；Shape 为焊盘的形状，通常为 Round（圆形）；Hole Size 为焊盘的内径尺寸。一般情况下，安装孔的内、外径尺寸一致即可。

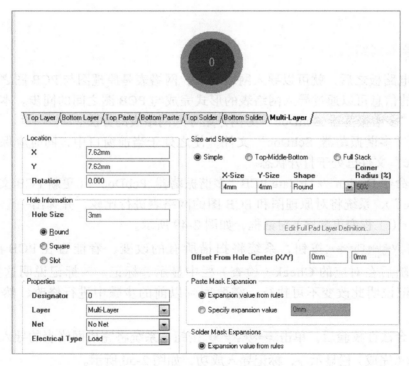

图 2-47　焊盘属性对话框

③ 设置完成后，单击 OK 按钮，返回放置焊盘状态，在电路板的合适位置放置安装孔即可，如图 2-48 所示。一般情况下，安装孔放置在电路板的四个角，放置时注意安装孔与边界的距离。

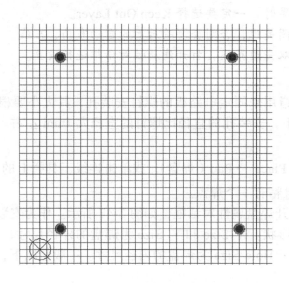

图 2-48　放置好安装孔的电路板

（四）导入网络表

规划好电路板之后，就可以导入网络表了。网络表是原理图与 PCB 图之间联系的纽带，原理图的信息可以通过导入网络表的形式完成与 PCB 图之间的同步。本文以多谐振荡器原理图"多谐振荡器 .SchDoc"为例介绍导入网络表的方法。

① 打开"多谐振荡器 .SchDoc"文件，使之处于当前窗口中，同时应保证"多谐振荡器 .PcbDoc"文件已处于打开状态。

② 执行命令 Design → Update PCB "多谐振荡器 .PcbDoc"（更新 PCB 文件"多谐振荡器 .PcbDoc"），系统将对原理图和 PCB 图的网络表进行比较，并弹出一个 Engineering Change Order（工程变更顺序）对话框，如图 2-49 所示。

③ 单击 Validate Changes 按钮，系统将扫描所有的改变，看能否在 PCB 图上执行所有的改变。随后在对应的 Check（检查）栏中显示✔标记。✔标记说明这些改变是合法的；✖标记说明此改变不可执行，需要回到以前的步骤中进行修改，然后重新进行更新。

④ 进行合法性校验后，单击 Execute Changes 按钮，系统将完成网络表的导入，同时在每一项的 Done（完成）栏显示✔，标记导入成功，如图 2-50 所示。

⑤ 单击 Close 按钮关闭该对话框，这时可以看到在 PCB 图布线框的右侧出现了导入的所有元器件的封装模型，如图 2-51 所示。

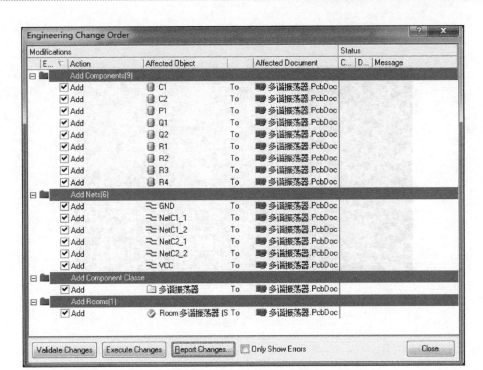

图 2-49　Engineering Change Order 对话框

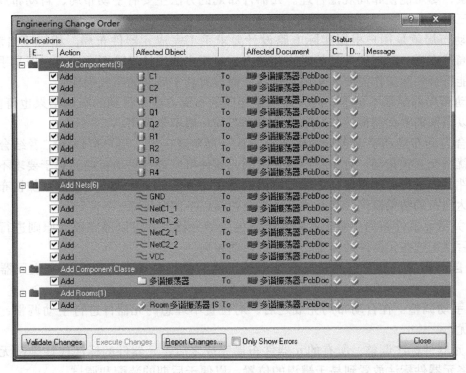

图 2-50　执行 Execute Changes 命令

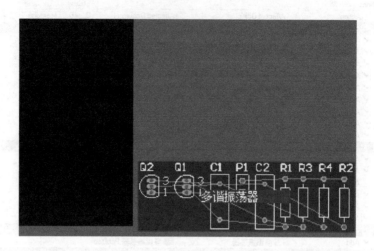

图 2-51　导入网络表后的 PCB 图

（五）元器件布局

元器件布局指确定元器件在电路板上的安装位置。元器件布局是否合理不仅关系到后期布线的难易，同时也关系到电路板实际工作情况的好坏，因此在布局时，应综合考虑各种因素，尽可能使布局规范合理。元器件布局的方法主要有手动布局、自动布局和交互式布局三种。

手动布局就是用户根据实际电路设计要求手工完成元器件布局。相对于自动布局，手动布局速度慢，需耗费大量的时间和精力，对用户的设计经验要求较高。但是手动布局往往更能符合实际工作需要，实用性较强，而且有利于后期的布线操作。

自动布局的结果不是唯一的，即使是相同的布局方法，得到的布局结果也可能不同，用户可以根据需要优选最佳布局结果。自动布局一般不予采用。

综合自动布局和手动布局的优缺点，从全局角度出发，用户可以将二者结合起来使用，这就是交互式布局。对于有特殊要求的元器件可以进行手动布局，对于要求不是很高的元器件可以进行自动布局，之后还可以进行手动调整。交互式布局能够在加快布局速度的同时达到布局结果最优。交互式布局主要包括以下四个步骤。

① 关键元器件布局：对于有特殊要求的关键元器件，可以遵守设计原则进行手动布局，然后锁定这些元器件的位置，再进行自动布局。

② 自动布局：设置自动布局设计原则，然后执行自动布局命令，完成元器件自动布局。

③ 手动调整：在自动布局完成之后，对位置不理想的元器件进行手动调整，使布局达到最优。

④ 元器件标注调整：所有的元器件布局完成之后，元器件的标注往往杂乱无章，因此需要将元器件标注放置到易于辨识的位置，以便于后期的装配和调试。

多谐振荡器的布局结果如图 2-52 所示。

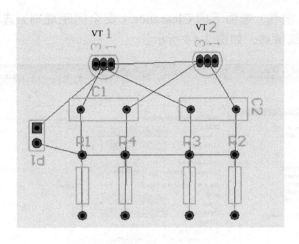

图 2-52 多谐振荡器的布局结果

（六）布线

1. 布线前规则设置

Altium Designer Summer 09 在 PCB 编辑器中为用户提供了 10 大类 49 种设计规则，覆盖了元器件的电气特性、走向宽度、走线拓扑布局、表贴焊盘、阻焊层、电源层、测试点、电路板制作和元器件布局等。

（1）Clearance（安全间距规则）设置　单击命令 Design → Rule（规则），打开 PCB Rules and Constraints Editor（PCB 规则和约束编辑器）对话框，如图 2-53 所示。

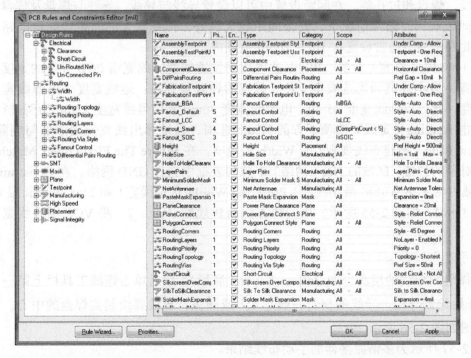

图 2-53　PCB Rules and Constraints Editor 对话框

单击 Electrical（电气）选项下的 Clearance（安全间距规则）选项，选中后对话框右侧列出该项规则的详细信息，如图 2-54 所示。

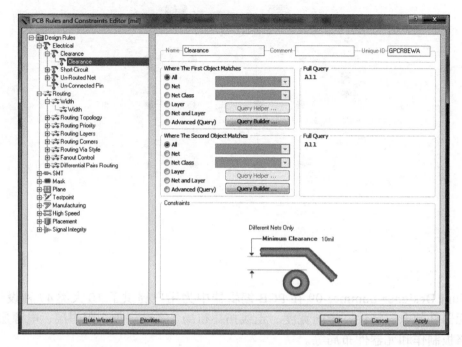

图 2-54　Clearance 规则

此规则用于设置具有电气特性的对象之间的安全间距，PCB 上具有电气特性的对象包括导线、焊盘和过孔等。在间距设置中可以设置导线与导线、导线与焊盘及焊盘与焊盘之间的间距规则。通常情况下，安全间距越大越好，但是太大的间距会导致电路不够紧凑，因此安全间距通常设置在 10 ～ 20mil 范围内。

（2）Width（线宽）设置　Width 选项用于设置线宽。线宽指 PCB 导线的宽度，分为最大线宽、最小线宽和优选线宽 3 种。线宽的设置规则是：地线宽度 > 电源线宽度 > 信号线宽度。此处以地线宽度 35mil、电源线宽度 30mil 和信号线宽度 12mil 为例进行设置。

右击 Routing（走线）选项下方的 Width 选项，系统弹出线宽规则添加与删除菜单，选择 New Rule（新建布线规则）的 Width_1 选项。在 Where The First Object Matches（第一匹配对象的位置）区域的 Net（网络）下拉列表框中选择 GND 网络。在 Constraints（约束）区域内将 Min Width（最小线宽）、Preferred Width（优选线宽）和 Max Width（最大线宽）均设为 35mil，如图 2-55 所示。用同样方法新建规则 Width_2，将 VCC 网络线宽设置为 30mil。

2. 手动布线方法

选择绘制导线的层次，如 Bottom Layer（底层），然后单击连线工具栏上第一个按钮，开始绘制导线。导线的拐角一般是 45° 或圆弧，导线要绘制到焊盘的中心。导线绘制示意图如图 2-56 所示。

图 2-57 所示为多谐振荡器的手动布线结果。

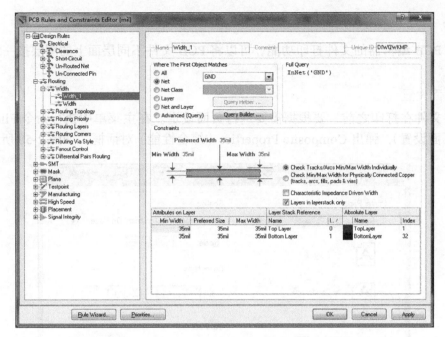

图 2-55 线宽设置规则

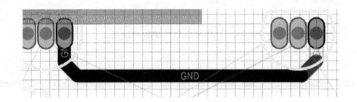

图 2-56 导线绘制示意图

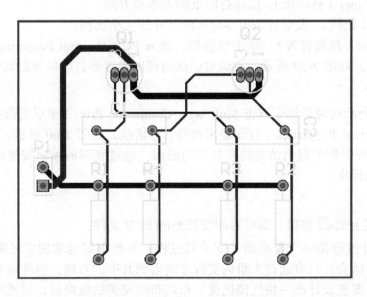

图 2-57 多谐振荡器手动布线结果

（七）打印输出

利用 PCB 编辑器的文件打印功能，可以将 PCB 文件不同层面上的图层按一定比例打印输出。

1. 页面设置

PCB 文件在打印之前，要根据需要进行页面设定。在主菜单中执行命令 File → Page Setup（页面设置），弹出 Composite Properties（综合性能）对话框，如图 2-58 所示。

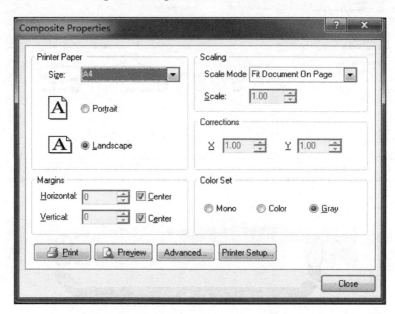

图 2-58　Composite Properties 对话框

① Printer Paper（打印纸）：选择打印纸的大小和方向。

② Scaling（比例）：设定打印内容与实际尺寸的大小比例。

③ Advanced（高级设置）：单击该按钮，进入 PCB Printout Properties（PCB 打印输出属性）对话框，如图 2-59 所示，在该对话框内可以设置要打印的图层属性。

2. 打印属性设置

在图 2-59 所示的对话框中双击 Multilayer Composite Print（多层复合打印）前的页面图标，进入 Printout Properties（打印输出特性）对话框，如图 2-60 所示。在该对话框中，Layers（图层）列表框中列出的是将要打印的层面。通过底部的编辑按钮可以对打印层面进行添加和删除操作。

3. 打印

单击工具栏上的 按钮，即可打印设置好的 PCB 文件。

PCB 的设计过程是一个复杂而又简单的过程，要想很好地掌握它还需广大电子工程设计人员自己去体会，只有通过大量的实践才能得到其中的真谛。熟练地掌握操作软件仅仅是一个基础，要想设计出一块性能优良、布局布线完美的电路板，只能从实践中不断地学习和积累经验。

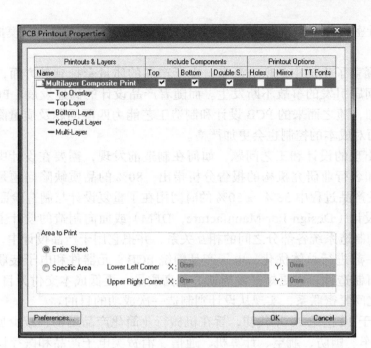

图 2-59 PCB Printout Properties 对话框

图 2-60 Printout Properties 对话框

第四节 可制造性设计

一、可制造性设计的概念及执行的意义

1. 可制造性设计的定义

电子产品的设计正在趋向小型化、多功能化和定制化，使电子工艺技术逐渐向元器

件微型化、设计密集化和产品多样化转变。在这个过程中，提高效率、模拟仿真和协同设计会成为趋势。

电子产品涵盖了生活中的所有环节，电子产品的质量牵扯到各方面，由于电路板的质量和可靠性问题引发的事故不断发生。而随着产品设计的高速发展，PCB 设计的复杂程度也大大增加，随之而来的 PCB 设计和制造工艺能力匹配问题及质量隐患风险也变得越来越复杂，而对成本的控制也会更加严格。

在制造中出现的设计和工艺问题，如何在制造前发现，需要在设计中避免，在设计时考虑制造。知名行业研究机构的报告分析指出，80% 的品质缺陷问题是在设计工艺阶段产生的，研发产品过程中 35% ~ 50% 的时间用在了重复设计与制造验证工作上。

可制造性设计（Design For Manufacture，DFM）或面向制造的设计主要研究产品本身的物理设计和制造系统各部分之间的相互关系，并把它用于产品设计中，以便将整个制造系统融合在一起进行总体优化。电子产品围绕 PCB、元器件和电子装联，在开发阶段就考虑产品的可制造性，以更短开发周期、更高质量、更低成本交付为目的的设计活动，使设计和制造之间紧密联系，实现从设计到制造一次成功的目的。

DFM 诞生于 20 世纪 70 年代初，旨在机械行业简化产品结构、减少加工成本。当前 DFM 技术在汽车、国防、航空、计算机、通信、消费类电子产品和医疗设备等领域广泛应用。DFM 是并行工程的核心，如图 2-61 所示，可以看到 DFM 评审在设计阶段所处的核心位置。在设计阶段要对元器件封装进行评审，对元器件布局进行装配分析，对布线进行裸板分析，对光绘图进行网络表分析，以及对试产电路板进行设计疏漏和工艺难点检查。并行工程是对产品和制造 / 支持等相关过程进行并行、集成化处理的系统方法和综合技术。

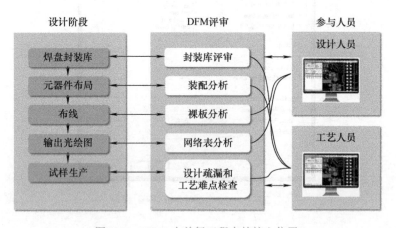

图 2-61　DFM 在并行工程中的核心位置

DFM（DFx）主要包括：

① DFF（Design For Fabrication，可制造性设计）。

② DFA（Design For Assembly，装配设计）。

③ DFT［Design For Test，可测试性设计（电性）］。

④ DFI［Design For Inspection，检验设计（外观）］。

⑤ DFR（Design For Repair，可维修性设计）。

⑥ DFC（Design For Cost，成本设计）。

在实际中不考虑 DFM，可能会造成的危害有：

① 造成大量焊接缺陷。

② 增加返修工作量，浪费工时，延误工期。

③ 增加工艺流程，浪费材料。

④ 返修可能会损坏元器件和印制板。

⑤ 返修后影响产品的可靠性。

⑥ 造成可制造性差，增加工艺难度，影响设备利用率，降低生产效率。

⑦ 最严重时由于无法实施生产需要重新设计，导致整个产品的实际开发时间延长，失去市场竞争的机会。

2. 可制造性设计执行的意义

2016 年我国政府提出《中国制造 2025》的战略，通过三步走实现制造强国的战略目标；党的十九大报告明确提出，我国经济已转向高质量发展阶段，必须坚持质量第一、效益优先。作为设备的电子部分，在设计试产阶段、工艺评审阶段和正式投产的准备阶段，需要在保证产品功能的前提下，考虑生产的可制造性、产品的可维修性和成品的可装配性；更要考虑产品制造过程的质量要求和最终的可靠性，使设计生产的产品具有完备的功能、可控的成本和可靠的质量，即进行 DFM 审查。

DFM 工作贯穿整个研发试制阶段，在产品设计和工艺评审阶段就审查出产品的可制造性，并在保证产品功能和质量的前提下优化设计（含 PCB 设计和工艺设计），通过 DFM 审查可以：

① 提前发现设计疏漏并完善优化。

② 发现设计风险和制造隐患，提升产品品质和可靠性。

③ 缩短设计试制验证次数和周期，大幅提升设计效率。

④ 为工艺设计、工艺路线做必要的准备，有针对性地编制工装夹具和工艺文件，进行工艺控制。

⑤ 保障产品质量从设计源头开始，使设计与制造工艺能力一致，缩短开发周期，降低开发成本，提高产品质量，在智能制造中达到领先地位。

二、PCB 的可制造性设计

PCB 设计是从逻辑到物理实现的最重要过程，DFM 是 PCB 设计中一个不可回避的重要方面。在 PCB 设计中，我们所说的 DFM 主要包括元器件选择、PCB 物理参数选择和 PCB 设计细节等方面。

一般来说，元器件选择主要是指选择采购、加工和维修等方面综合起来比较有利的元器件。例如，尽量选择 SOP 元器件，而不选择 BGA 元器件；选择引脚间距大的元器件，不选择细间距的元器件；尽量选择常规元器件，而不选择特殊元器件等。对于元器件的 DFM 选择，PCB 设计人员需要与采购工程师、硬件工程师和工艺工程师等协商决定。

PCB 物理参数选择这个主要环节主要是由 PCB 设计人员来确定，这要求 PCB 设计人员必须深入了解 PCB 的制造工艺和制造方法，了解大多数板厂的加工参数，然后结合单板的实际情况来进行物理参数的设定，尽量增加 PCB 生产的工艺窗口，采用最成熟的加工工艺和参数，降低加工难度，提高成品率，减少后期 PCB 制作的成本和周期。

很多 PCB 设计细节与设计工程师的水平和经验有很大关系，例如元器件的摆放位置、间距，走线的处理，铜皮的处理等。这些参数需要长时间、多项目的积累才能得到。专业的设计工程师由于接触到更多板厂和焊接加工厂，所以一般他们的设计参数能符合绝大多数板厂的要求，而不是仅符合某个板厂的特定成本要求。

DFM 从狭义上讲是使设计更加适合生产的要求，也是要求设计时要充分考虑生产的情况，让设计出来的产品能够生产出来；从广义上讲就是设计要符合多数化的生产要求，能够使设计的产品在生产上有更多选择，降低成本。

1. 布局要求

1）通孔插装元器件在布局时应使其轴线和波峰焊方向垂直，如图 2-62 所示，这样能防止过波峰焊时产生短路或因一端先焊接凝固而使元器件产生浮高现象。

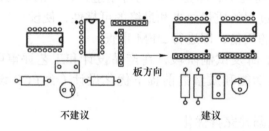

图 2-62　元器件布局方向

2）需要安装散热器的表面安装元器件应注意散热器的安装位置，布局时要求有足够大的空间，确保最小 0.5mm 的距离，保证不与其他元器件相碰；对于热敏元器件如电阻、电容和晶振等，应尽量远离高热元器件，且应尽量放置在上风口；高大元器件排布在低矮元器件后面，并且沿风阻最小的方向排布，防止风道受阻，如图 2-63 所示。

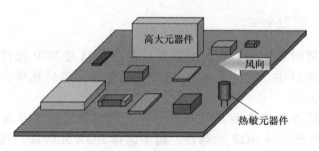

图 2-63　确保散热布局

3）经常插拔的元器件或板边连接器周围 3mm 范围内尽量不布置表面安装元器件，如图 2-64 所示，防止连接器插拔时产生的应力损坏元器件。

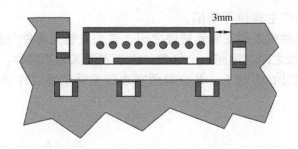

图 2-64　连接器周围 3mm 范围内不布置表面安装元器件

4）大型元器件的四周要留一定的维修空隙（留出表面安装元器件返修设备加热头能够进行操作的尺寸）。

2. 焊盘设计

（1）通孔插装元器件焊盘设计　通孔插装元器件焊盘设计应符合规范，以便能形成良好的弯月形焊点；若焊盘过小，则无法形成弯月形焊点，焊点强度低，影响可靠性。

① 焊盘单边不小于 0.25mm，整个焊盘直径不大于孔径的 3 倍。

② 一般情况下，通孔插装元器件采用圆形焊盘，如图 2-65 所示。焊盘直径为通孔孔径的 1.8 倍以上，单面板焊盘直径不小于 2mm，双面板焊盘直径与通孔直径最佳比例为 5：2。

③ 焊盘连接的走线较细时，应将焊盘与走线之间的连接设计成泪滴形（见图 2-66），这样焊盘不容易起皮、走线与焊盘不易断开。

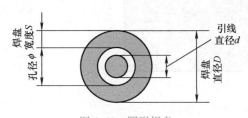

图 2-65　圆形焊盘

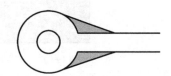

图 2-66　泪滴形焊盘

④ 焊盘边缘距板边应大于 1mm，以避免加工导致焊盘缺损。

⑤ 多层板外的导电面积应局部开设窗口，并最好布设在元器件面；如果大导电面积上有焊接点，焊接点应在保证导体连续性的基础上作出隔离刻蚀区域，图 2-67 所示为通孔插装元器件散热焊盘，防止焊接时热应力集中。

（2）表面安装元器件的焊盘设计　表面安装元器件用的焊盘尺寸应符合企业设计规范、IPC–SM–782A 或 IPC7351 等，也要参考元器件厂家推荐的尺寸和自身的工艺能力。一旦制定，不可擅自更改封装尺寸，以免造成焊接缺陷。

① 每一种表面安装元器件必须和电路板上的焊盘相匹配，不可过大或者过小，否则焊接时由于元器件焊端不能

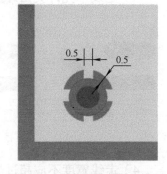

图 2-67　插装元器件散热焊盘

与焊盘搭接交叠，会产生移位等缺陷。

②焊盘大小不对称或表面安装元器件之间、表面安装元器件与通孔插装元器件之间、表面安装元器件与引线之间共用同一个焊盘，由于表面张力不对称，也会产生移位缺陷。

③过孔不允许设计在焊盘上，并应避免在表面安装阻容元件下打导通孔，如图 2-68 所示。

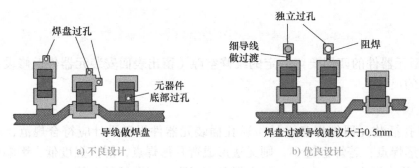

a) 不良设计　　　　　　　　　　　　　　　b) 优良设计

图 2-68　表面贴装元器件焊盘与过孔设计

④元器件的丝印图形，如元器件符号、位号、极性和标志等，不能设计在焊盘上。

3. 布线

1）在布线中尽量做到均匀布线，如图 2-69 所示，以减少电路板曲翘的程度。

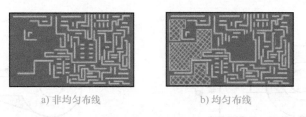

a) 非均匀布线　　　　　　　　b) 均匀布线

图 2-69　布线的均匀程度对电路板的影响

2）走线应从焊盘端面中心位置连接，如图 2-70 所示。

3）走线不允许突出焊盘，如图 2-71 所示。

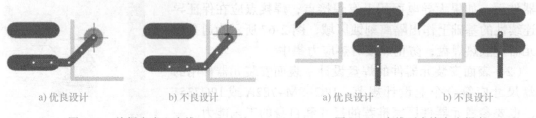

a) 优良设计　　　　b) 不良设计　　　　　　　a) 优良设计　　　　b) 不良设计

图 2-70　从焊盘中心走线　　　　　　　图 2-71　走线不允许突出焊盘

4）走线宽度不应超过焊盘宽度，如图 2-72 所示。

5）相邻的密间距（小于 50mil）焊盘需要连接时，应从焊盘外部连接，不允许在焊盘中间直接连接，如图 2-73 所示。

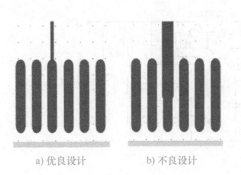

a) 优良设计　　　　b) 不良设计

图 2-72　走线宽度不应超过焊盘宽度

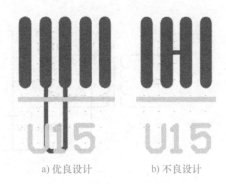

a) 优良设计　　　　b) 不良设计

图 2-73　相邻焊盘连接

本章小结

  PCB 由绝缘基板、印制导线和装配焊接电子元器件的焊盘组成，具有导电线路和绝缘基板的双重作用。PCB 设计是根据设计人员的意图，将电路原理图转换成 PCB 图，并选择材料和确定加工技术要求的过程。

  PCB 设计通常有两种方式：人工设计和计算机辅助设计。本章前三节介绍了 PCB 的种类与结构、PCB 设计的基本原则及手工制作 PCB，其主要内容包括元器件的布局原则、印制导线的布线原则及对各种干扰的抑制方法等；第四节重点介绍了当前较为流行的电子CAD 软件 Altium Deisgners Summer 09，使读者对软件设计有一个初步的了解；第五节介绍了可制造性设计的概念和 PCB 的可制造性设计。

习　题　二

  1. PCB 由哪几部分组成？每部分的作用是什么？

  2. PCB 的焊盘有几种？每种各适用于何种情况？

  3. PCB 布局时，如何防止电磁干扰和热干扰？

  4. 试述地线中存在的干扰及其抑制方法。

  5. PCB 布线时应遵循什么原则？

  6. 元器件在布局时应遵循什么原则？

  7. 用 Altium Designer Summer 09 软件绘制出图 2-74 所示的原理图，并根据原理图绘制出 PCB 图。

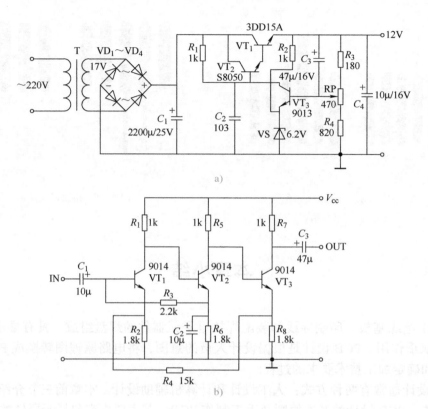

图 2-74　原理图

8. 用 Altium Designer Summer 09 绘制图 2-75 所示的电源原理图，根据图 2-76 所示的顶层布局参考和图 2-77 所示的底层布局参考绘制单面 PCB。

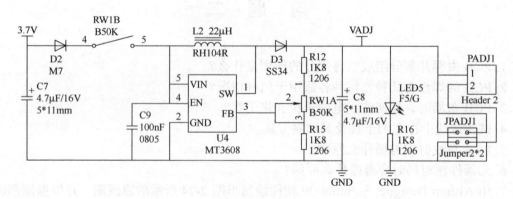

图 2-75　电源原理图

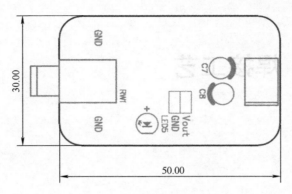

图 2-76　顶层布局参考

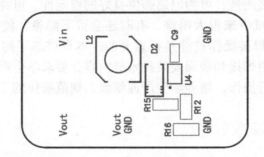

图 2-77　底层布局参考

9. 可制造性设计的意义是什么?

10. PCB 布线的可制造性设计有哪些要求?

第三章 焊接工艺

焊接是电子设备装配的重要工艺。焊接质量的好坏，直接影响电子电路和电子装置的工作性能。优秀的焊接质量，可为电路提供良好的稳定性、可靠性，不良的焊接质量会导致元器件损坏，给测试带来很大困难，有时还会留下隐患，使设备不能正常工作。因此，了解和掌握必要的焊接操作技能是很重要的。本章讲解了焊接、钎料、手工焊接技术、自动焊接技术、无铅焊接和表面安装技术等内容，要求学生严格按照航天电子电气产品手工焊接工艺要求进行操作，培养学生严谨细致、规范操作的工作态度。

第一节 焊接的基本知识

一、焊接分类和特点

焊接的基础知识

焊接一般分三大类：熔焊、电阻焊和钎焊。

1. 熔焊

熔焊是指在焊接过程中，将焊件接头加热至熔化状态，在不外加压力的情况下完成焊接的方法，如电弧焊、气焊等。

2. 电阻焊

电阻焊是指在焊接过程中，必须对焊件施加压力（加热或不加热）完成焊接的方法，如超声波焊、脉冲焊和摩擦焊等。

3. 钎焊

钎焊采用比焊件熔点低的金属材料作钎料，将焊件和钎料加热到高于钎料的熔点而低于焊件的熔点的温度，利用液态钎料润湿焊件，并与焊件相互扩散，实现连接。

钎焊根据使用的钎料熔点不同又可分为硬钎焊和软钎焊。

使用熔点高于450℃的钎料进行焊接称为硬钎焊，使用熔点低于450℃的钎料进行焊接称为软钎焊。电子产品安装工艺中所谓的"焊接"就是软钎焊的一种，主要使用锡（Sn）、铅（Pb）等低熔点合金材料作钎料，因此俗称锡焊。

二、焊接机理

焊接是将钎料、焊件同时加热到最佳温度，钎料熔入焊件的缝隙，不同金属表面相互润湿、扩散，最后形成合金层，从而将钎料和焊件永久牢固地结合。

（一）润湿（横向流动）

润湿又称浸润，是指熔融钎料在金属表面形成均匀、平滑、连续并附着牢固的钎料层。润湿程度主要决定于焊件表面的清洁程度和钎料的表面张力。金属表面看起来比较光滑，但在显微镜下面看，却有无数的凸凹、晶界和伤痕，熔化的钎料就是沿着这些表面上的凸凹、晶界和伤痕靠毛细作用润湿扩散开去的，因此焊接就是钎料在焊件上的流淌。流淌的过程一般是松香在前面清除氧化膜，钎料紧跟其后。润湿的好坏用润湿角表示，如图 3-1 所示。

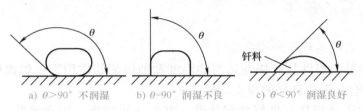

a) $\theta>90°$ 不润湿   b) $\theta=90°$ 润湿不良   c) $\theta<90°$ 润湿良好

图 3-1 润湿好坏示意图

从以上叙述可知，润湿条件之一是焊件表面必须保持清洁。只有这样，钎料和焊件的原子才可以自由地相互吸引。

（二）扩散（纵向流动）

伴随着熔融钎料在焊件上扩散的润湿现象，还会出现钎料向固体金属内部扩散的现象。例如，用锡铅钎料焊接铜件，焊接过程中既有表面扩散，又有晶界扩散和晶内扩散。锡铅钎料中的铅只参与表面扩散，锡和铜原子间相互扩散。正是由于这种扩散作用，在两者界面形成新的合金，从而使钎料和焊件牢固地结合。

（三）合金层（界面层）

扩散的结果使锡原子和被焊金属铜的交接处形成合金层，从而得到一个牢固可靠的焊接点。下面以锡铅钎料焊接铜件为例说明。在低温（250～300℃）条件下，铜和焊锡的界面就会生成 Cu_3Sn 和 Cu_6Sn_5。若温度超过 300℃，除生成这些合金外，还要生成 $Cu_{31}Sn_8$ 等金属间化合物。

焊点合金层的厚度因焊接温度和时间不同而异，一般在 3～10μm 之间。图 3-2 所示为锡铅钎料焊接纯铜时部分断面金属组织的放大说明。

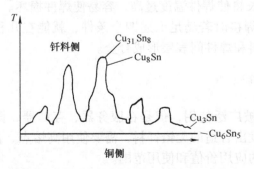

图 3-2 锡铅钎料焊接纯铜时组织放大说明

图 3-2 说明：在温度 T 适当时，焊接会生成 Cu_3Sn、Cu_6Sn_5；当温度过高时，会生成 Cu_8Sn 等其他合金。这是由于温度过高而使铜熔化过多，使焊接部位的物理特性、化学性质、机械特性和耐腐蚀性等发生变化。从焊点表面看，过热或时间过长会使钎料表面失去特有的金属光泽，而使焊点呈灰白色，形成颗粒状的外观。同时，靠近合金层的钎料层，其成分发生变化，也会使钎料失去结合作用，从而使焊点丧失机械、电气性能。正确的焊接时间为 2～5s，且要一次焊成，切忌时间过长和反复修补。

三、形成合金层的条件

1. 焊接材料必须具有充分的焊接性

所谓焊接性是指焊件与焊锡在适当的温度和助焊剂的作用下，焊锡原子容易与焊件的金属原子相结合，形成良好的焊点特性。

并非所有的金属都具有良好的焊接性。有些金属如铬、钼和钨等，焊接性非常差。即使一些易焊的金属如纯铜、黄铜等，因为表面容易形成氧化膜而不易焊接，为了提高焊接性，一般须采用表面镀锡、镀银等措施。

衡量材料的焊接性，有专门指定的测试标准和测试仪器。实际上，根据焊锡的基本原理很容易比较材料的焊接性。例如，将一定量的钎料放到已加热到焊接温度的焊件上，钎料熔化并向周围扩散。此时测量并比较润湿角的大小，便可定量比较不同材料、不同镀层的焊接性。一般共晶焊锡与表面干净的铜的润湿角为 20°。

2. 焊件表面必须清洁——这是形成合金层的绝对必要条件

因为氧化膜和杂质会阻碍焊锡和焊件相互作用，达不到原子间相互作用的距离，在焊接处难以生成真正的合金，容易虚焊。

3. 选用合适的焊剂

焊剂的作用是清除焊件表面的氧化膜并减小钎料熔化后的表面张力以利于润湿。不同的焊件和焊接工艺，应选择不同的焊剂，如镍铬合金、不锈钢和铝等材料必须使用专用的特殊焊剂实施焊接。

4. 焊接的温度和时间要适当

加热时应注意：不但要将焊锡加热熔化，而且要将焊件加热到可熔化焊锡的温度。只有在足够高的温度下，才能使钎料充分润湿，并充分扩散形成合金层。正确的加热时间为 2～5s，加热时间过长将使焊件温度过高，容易使焊件损坏。

从以上叙述可知，焊接时若满足上述四个条件，就能在几秒钟内发生各种物理和化学连锁反应，从而使钎料和焊件间表层形成合金。

四、电子装联常用钎料

当今无铅钎料已经被广泛使用，但是在服务器、存储器、微处理器及针型压接连接器等焊接方面尚没有开发出合适的无铅钎料，需要使用高熔点、高铅含量的锡铅钎料。因此，锡铅焊料仍有较大的应用价值和使用范围。

纯锡是一种质软低熔点的金属，熔点为 232℃，纯锡较贵，质脆且机械性能差。在常温下，锡的抗氧化性强，容易同多种金属形成金属间化合物。纯铅是一种浅青白色的软金属，熔点为327℃，机械性能也很差。铅的塑性好，有较高的抗氧化性和抗腐蚀性，但铅属于对人体有害的重金属。当锡和铅混合组成钎料的时候就会具备许多纯铅和纯锡所不具备的优点：

1）熔点低，低于铅和锡的熔点，有利于焊接。

2）强度高，合金的各种强度均优于纯锡和纯铅。

3）表面张力小、黏度下降，增大了液态流动性，有利于在焊接时形成可靠焊点。

4）抗氧化性好，铅的抗氧化性在合金中继续保持，使钎料在熔化时减少氧化量。

锡铅钎料中锡和铅的比例直接影响钎料的熔点和性能，图3-3所示为锡铅合金状态图。

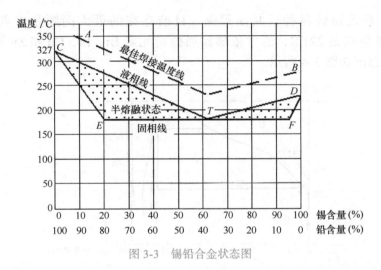

图3-3　锡铅合金状态图

从图3-3中可以看出，只有纯铅（C点）、纯锡（D点）和易熔合金（共晶点T点）是在单一温度下熔化的，其他配比构成的合金则是随着温度的上升经历固态 – 半熔融状态 – 液态的熔化过程的，其上限（C–T–D线）称为液相线，下限（C–E–T–F–D线）称为固相线。在两个温度线之间为半熔融区，钎料呈稠糊状。在T点合金不呈半液体状态，可由固体直接变成液体，这个T点称为共晶点，按共晶点的配比配制的合金称为共晶焊锡。

共晶焊锡中锡的含量为63%，铅的含量为37%，此时的熔点达到最低，只有183℃。这个比重下的合金是锡铅钎料中性能最好的一种，共晶点附近钎料的抗拉强度和抗剪强度为最高，分别在52.5MPa和34MPa左右。所以，很长时间以来共晶焊锡被广泛应用于电气零部件之间、元器件与引线的连接及普通端子与PCB的连接等方面。

第二节　无铅钎料

众所周知，铅在人体内积累，会引起铅中毒，严重危害人的身体健康。欧盟公布的《关于在电子电气设备中限制使用某些有害物质指令》，规定自2006年7月1日起开始在欧

无铅钎料

盟市场禁止销售含有铅、汞、镉、六价铬、聚溴二苯醚或聚溴联苯六种有害物质的电子电气设备。我国在 2006 年 7 月 1 日起要求投放市场的国家重点监管目录内的电子信息产品不能含有上述六种有害物质。为保护环境，近些年欧美、日本等发达国家已对替代共晶焊锡的无铅钎料进行了研究，并取得了较快的进展。下面介绍几种常用的无铅钎料。

无铅钎料是指在 Sn 中添加 Ag、Zn、Cu、Sb、Bi 和 In 等金属元素，替代共晶焊锡中的有害物质 Pb，通过钎料合金化来改善合金性能，提高焊接性。

目前常用的无铅钎料主要是以 Sn-Ag、Sn-Cu、Sn-Zn 和 Sn-Bi 合金为基体，添加适量其他金属元素组成三元合金或多元合金。

一、Sn-Ag 系无铅钎料

用 Sn-Ag 系无铅钎料替代共晶焊锡，目前存在的最大问题是熔点偏高。如 Sn-3.5%Ag 共晶的熔点是 221℃，通常依靠添加微量元素 Bi、In、Cu 和 Zn 等来降低熔点。Sn-Ag 合金状态图如图 3-4 所示。

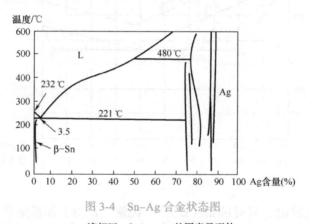

图 3-4　Sn-Ag 合金状态图

L—液相区　　β-Sn—Sn 的同素异形体

Ag 与 Sn 之间的一种反应能在 221℃形成 Sn 基质相位的共晶结构和 Ag_3Sn 金属间化合物。随着 Ag 从 0 开始增加，合金强度也相应增加，Ag 添加到 3%以上，合金强度显著高于共晶焊锡。但是 Ag 超过 3.5%时，合金强度开始下降。

Sn-Ag 合金里添加 Cu，能够在维持 Sn-Ag 合金良好性能的同时稍微降低熔点，并且添加 Cu 以后，能够减少焊件中铜的溶蚀。Cu 与 Sn 反应能在 227℃形成 Sn 基质相位的共晶结构和 η 金属间的化合相位（Cu_6Sn_5）。

在 Sn-（3%～3.1%）Ag 合金中添加铜，屈服强度和抗拉强度都随 Cu 含量的增加而几乎呈线性增加，超过 1.5%的铜，屈服强度会减低，但合金的抗拉强度保持稳定。在 Sn-Ag-Cu 三元合金中，1.5% 的 Cu（3%～3.1%Ag）能最有效地产生适当数量、最细小的微组织尺寸的 Cu_6Sn_5 粒子，从而达到最高的疲劳寿命、强度和塑性。

推荐：Sn-Ag-Cu 三元合金最佳合金成分是 Sn-3.1%Ag-1.5%Cu，它具有良好的强度、疲劳强度和塑性，逐渐成为国际上标准的无铅钎料。

优点：具有优良的机械性能、抗拉强度，蠕变特性和耐热老化比共晶焊锡稍差，但不存在延展性随时间加长而劣化的问题。

缺点：熔点偏高，比共晶焊锡高 30 ~ 40℃，润湿性差，成本高。

二、Sn-Cu 系无铅钎料

用 Sn-Cu 系无铅钎料替代共晶焊锡，目前存在的最大问题是熔点太高，并且在 Cu 含量大时会形成多种金属间化合物，比较复杂，但在 Sn 含量超过 60% 时，与合金相近存在 Sn 和 Cu_6Sn_5 二元合金。合金中 Cu 占 0.75% 时共晶点为 227℃。Sn-Cu 合金状态图如图 3-5 所示。

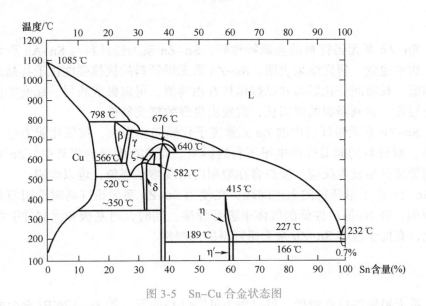

图 3-5　Sn-Cu 合金状态图

L—液相区　β—Sn 的同素异形体　δ—$Cu_{31}Sn_8$　γ—Cu_3Sn　ζ—$Cu_{20}Sn_6$　η 和 η'—Cu_6Sn_6

Sn-Cu 系无铅钎料高温保持性能和热疲劳等可靠性比 Sn-Ag 系无铅钎料差。为了改善其可靠性可加入 Ag、Ni 和 Au 等元素。加入 0.1% 的 Ag，可提高塑性 50%；加入 Ni，可减少钎料渣量。

优点：价格低、熔点高，主要用在重视经济性的单面基板波峰焊。

缺点：润湿性不太好，用在封装双面基板时，通孔的充填性差。

三、Sn-Zn 系无铅钎料

Sn-Zn 系无铅钎料的熔点与共晶焊锡最接近，Sn-9%Zn 合金的共晶点为 198.5℃，图 3-6 所示为 Sn-Zn 合金状态图。

Sn-9%Zn 合金的熔点比共晶焊锡稍高。添加微量的 Bi、In 或 Ag 等元素可以降低熔点。现已公开发表的合金组成有 Sn-9%Zn-5%In、Sn-5.5%Zn-1%Bi、Sn-8%Zn-5%In-0.1%Ag 和 Sn-10%Bi-8%Zn 等。Sn-10%Bi-8%Zn 合金的熔点是 186 ~ 188℃，Sn-8%Zn-5%In-0.1%Ag 合金的熔点是 185 ~ 198℃。

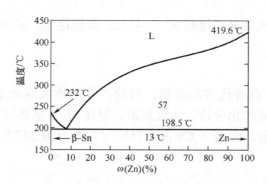

图 3-6 Sn–Zn 合金状态图

优点：Sn–Zn 系无铅钎料的金属特性好，Sn–Zn 系无铅钎料与 Sn–Ag 系无铅钎料相比毒性小，成本也低。研究结果表明，Sn–Zn 系无铅钎料的抗拉强度优于共晶焊锡，延展性初期值偏低，长时间变化后与共晶焊锡具有相同值，可以做成线材。蠕变特性与共晶焊锡相比变形缓慢，达到断裂的时间长，表现出良好的蠕变特性。

缺点：Sn–Zn 系无铅钎料中的 Zn 元素离子化倾向相当大，抗氧化能力差，易形成稳定的氧化物，对钎料的润湿性产生很不利的影响。而且在配制的焊膏中，Zn 元素与焊剂中的活化剂等成分易发生反应，使焊膏在短期内出现增粘现象，难以印刷。

针对 Sn–Zn 系无铅钎料的上述问题，在使用 Sn–Zn 系无铅钎料时选用与共晶焊锡不同的特殊焊剂，在 N_2 等活性低的气体中进行焊接。同时，对基板和元器件引线的管理方法要系统化，有助于改善 Sn–Zn 系无铅钎料的润湿性。

四、Sn–Bi 系无铅钎料

Sn–Bi 系无铅钎料熔点较低，可以作为低温钎料使用。如 Sn–57%Bi 合金的共晶点是 138℃。Sn–40%Bi 合金的熔点 138 ～ 170℃。图 3-7 所示为 Sn–Bi 合金状态图。

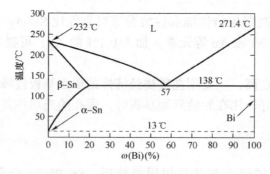

图 3-7 Sn–Bi 合金状态图

该合金不形成化合物，共晶成分为单纯的共晶组织。Bi 本身很脆，机械性能差，抗冲击性差，但塑性好。

用 Sn–Bi 系无铅钎料替代共晶焊锡时，通常是以 Sn–57%Bi 共晶钎料为基础，适量地添加 Ag、Cu 等元素，提高机械性能，使熔化温度接近共晶焊锡熔点。现已公开的合金有 Sn–7.5%Bi–2%Ag–0.5%Cu，熔点是 187 ～ 221℃；Sn–5%Bi–1%Ag，熔点是 198 ～ 205℃。

优点：降低了熔点，使其与共晶焊锡接近，蠕变特性好，并增大了合金的抗拉强度。

缺点：延展性差，合金硬而脆，难以加工成线料，主要是 Bi 元素的结晶构造是菱面体晶格，延展性不好，在 Sn–Bi 合金中也显现出这个缺点。Bi 元素的菱面体晶格使用现有的焊剂可以得到较好的焊接性。但是，该无铅钎料在实用中存在较大的一个问题是固液相共存的区域大，焊接时容易出现凝固偏析，使耐热性劣化。在工艺上如果采用快速冷却可以减小偏析。

第三节　手工焊接技术

一个良好焊点的产生，除了焊接材料具有焊接性，焊接工具（即电烙铁）功率合适，以及采用正确的操作方法外，最重要的是操作者的技能。只有经过相当长时间的焊接练习，才可掌握。有些人认为用烙铁焊接非常容易，没有什么技术含量，这其实非常错误。只有通过焊接实践，不断用心领会，不断总结，才能掌握较高的焊接技能。

手工焊接方法

一、电烙铁的种类

1. 外热式电烙铁

外热式电烙铁是指烙铁芯包在烙铁头的外部。它由烙铁头、烙铁芯、手柄、电源引线和插头等组成。其中烙铁芯是电烙铁的关键部分，它由电热丝平行地绕制在一根空心瓷管上制成，中间用云母片绝缘并引出两根导线与 220V 交流电源连接。外热式电烙铁的外形和结构如图 3-8 所示。

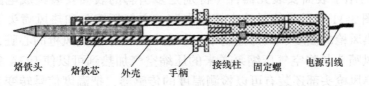

图 3-8　外热式电烙铁的外形和结构

外热式电烙铁一般有 20W、25W、30W、50W、75W、100W、150W 和 300W 等多种规格。功率越大，烙铁头的温度越高。一般用 25W 外热式电烙铁焊接 PCB。

2. 内热式电烙铁

内热式电烙铁是指烙铁芯装在烙铁头的内部，从烙铁头内部向外导热。它由烙铁芯、烙铁头、连接杆、手柄等组成，如图 3-9 所示。烙铁芯由镍铬电阻丝缠绕在瓷管上制成。内热式电烙铁的热导率比外热式电烙铁高，20W 内热式电烙铁的实际功率与 25 ～ 40W 的外热式电烙铁相当。

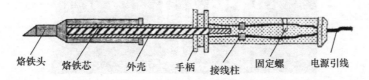

图 3-9　内热式电烙铁的外形和结构

内热式电烙铁的特点是体积小、发热快、重量轻和耗电低。

内热式电烙铁的规格为 20W、30W 和 50W 等，主要用来焊接 PCB。

3. 恒温式电烙铁

它是在普通烙铁头上安装强磁体传感器制成的，结构示意图如图 3-10 所示。其工作原理是，接通电源后烙铁头的温度上升，当达到设定的温度时，传感器里的磁铁达到居里点而磁性消失，从而使磁心触点断开，这时停止向烙铁芯供电；当温度低于居里点时，磁铁恢复磁性，与永久磁铁吸合，触点接通，继续向电烙铁供电。如此反复，自动控温。

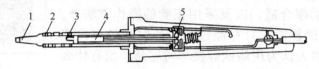

图 3-10　恒温式电烙铁结构示意图

1—烙铁头　2—加热器　3—控温元器件　4—永久磁铁　5—加热控制开关

4. 吸锡电烙铁

吸锡电烙铁是将普通电烙铁与活塞式吸锡器融为一体的拆焊工具。它的使用方法是电源接通 3～5s 后，把活塞按下并卡住，将锡头对准欲拆元器件，待焊锡熔化后按下按钮，活塞上升，焊锡被吸入吸管。用毕推动活塞三四次，清除吸管内残留的焊锡，以便下次使用。

5. 热风枪

热风枪专门用于表面安装元器件（特别是多引脚的表面安装集成电路）的焊接和拆卸，其外观如图 3-11 所示。热风枪由控制电路、空气压缩泵和热风喷头等组成，其中控制电路是整个热风枪的温度、风力控制中心；空气压缩泵是热风枪的心脏，负责热风枪的风力供应；热风喷头是将空气压缩泵送来的压缩空气加热到可以使 BGA 集成电路上焊锡熔化的部件。热风枪头部还装有可以检测温度的传感器，把温度信号转变为电信号送回电源控制电路板；各种不同的喷嘴用于装拆不同的表面安装元器件。

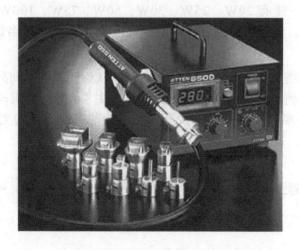

图 3-11　热风枪外观

二、电烙铁的选择和使用

电烙铁是手工焊接中的热源，它对钎料和焊件加热，在焊件表面生成合金层。

（一）电烙铁的合理选用

1. 电烙铁功率的选用

恒温式电烙铁在 PCB 的焊接中最理想，但对于一般生产、科研，可以根据焊接的对象选用合适功率的普通电烙铁，表 3-1 提供了选择电烙铁的依据。

表 3-1　选择电烙铁的依据

焊接对象及工作性质	烙铁头温度（室温、220V 电压）	选择电烙铁
一般 PCB、安装导线	300 ～ 400℃	20W 内热式，30W 外热式、恒温式
集成电路	300 ～ 400℃	20W 内热式、恒温式
焊片、电位器、2 ～ 8W 电阻、大电解电容、大功率晶体管	350 ～ 450℃	35 ～ 50W 内热式、恒温式，50 ～ 75W 外热式
8W 以上大电阻，ϕ2mm 以上导线	400 ～ 550℃	100W 内热式，150 ～ 200W 外热式
汇流排、金属板等	500 ～ 630℃	300W 外热式
维修、调试一般电子产品		20W 内热式、恒温式、感应式、储能式、两用式

由表 3-1 可知：

1）如果用小功率电烙铁焊接粗地线、粗电缆等大件，因其散热面积大，极易造成虚焊；如果用小功率电烙铁焊接大功率晶体管，因为电烙铁的功率较小，不能为焊件提供足够的热量，需长时间加热，这样热量又会传到晶体管上，有可能损坏晶体管。所以此时要选择相应功率的电烙铁。

2）焊接普通小件，如 PCB 等，宜选用 20W 左右的内热式电烙铁。若使用大功率电烙铁，则会造成元器件热损坏。

2. 烙铁头的选用

为了保证可靠、方便地焊接，应根据焊盘的大小和焊点的密度选择烙铁头的形状和尺寸。图 3-12 所示为常用烙铁头的形状。

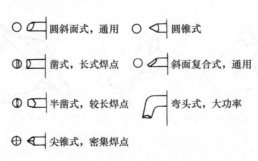

图 3-12　常用烙铁头的形状

烙铁头有直型和弯型，其刃口形状种类也很多。选用烙铁头的依据是烙铁头刃口和焊盘的接触面积。接触面积大，大量的热量回传给焊盘和元器件。一般要求烙铁头刃口的接触面积小于焊盘的面积。

焊点小或焊点密集且怕热的元器件应选用尖锥式刃口，焊点大的应选用宽大的圆斜面式刃口。功率大的一般使用弯头，功率小的一般使用直头。

圆斜面式是市面上常见的形式，适用于单面板上焊接不太密集的焊点；凿式和半凿式多用于电器维修工作；尖锥式和圆锥式适合焊接高密度的焊点和小且怕热的元器件。

要想焊接出优良的焊点，首先要有合适的电烙铁和平整的烙铁头。

（二）烙铁头的分类

烙铁头按照材料分为合金头和纯铜头。

1. 合金头

合金头又称长寿式电烙铁头，它的寿命是一般纯铜电烙铁头寿命的10倍。因为是利用烙铁头上的电镀层焊接，所以它不能用锉刀锉。如果电镀层被磨掉，烙铁头将不再粘锡导热。如果电镀层在使用中有较多氧化物和杂质，可以在烙铁架专用海绵上轻轻擦除。

2. 纯铜头

纯铜头在空气中极易氧化，故应进行镀锡处理。具体做法是：先用锉刀锉出铜色，然后上松香镀锡。在连续使用过程中，有些纯铜头的刃口因发生氧化而凹陷发黑，需要拔下电源插头，用锉刀重新锉好并上锡。如果不是连续使用，应将烙铁头蘸上焊锡置于烙铁架上，拔下电源插头。否则，烙铁头会因焊锡过少而氧化发黑，使其不再粘锡。

注意：烙铁头要保持刃口完整、光滑、无毛刺、无凹槽，才可使热导率高。在电烙铁使用过程中，电源线不要搭在烙铁头上，以免发生漏电。

（三）电烙铁的握法

（1）反握法（外热式电烙铁） 适用于大功率电烙铁和热容大的焊件。用这种握法动作较稳定，不易疲劳。烙铁头采用直型。

（2）正握法（外热式电烙铁） 使用弯头电烙铁时采用此法。

（3）握笔法（内热式电烙铁） 适用于小功率电烙铁和热容小的焊件，烙铁头采用直型。这种握法在焊接PCB中普遍采用。

电烙铁的握法如图3-13所示。

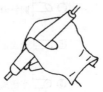

　　a）反握法　　　　　　b）正握法　　　　　c）握笔法

图3-13 电烙铁的握法

三、焊接操作方法

（一）焊接步骤

（1）焊接准备　将烙铁头和焊锡靠近焊件，并对准待焊焊盘和焊件的引线，处于随时可以焊接的状态，如图 3-14a 所示。

（2）加热焊件　准确地将烙铁头放在焊件的引线和焊盘上进行加热，如图 3-14b 所示。

（3）熔化焊锡丝　将焊锡丝放在烙铁头刃口对侧的焊盘和引线上，使熔化的焊锡润湿整个焊盘和引线表面，如图 3-14c 所示。

（4）移开焊锡丝　当熔化的焊锡充分润湿填满焊盘，并均匀地包裹元器件引线后，沿着引线向上的方向，迅速地移开焊锡丝，如图 3-14d 所示。

（5）抬起烙铁头　待焊锡扩展范围达到合格焊点要求后，沿着元器件引线向上的方向，迅速抬起烙铁头，如图 3-14e 所示。

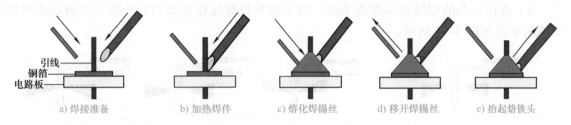

引线
铜箔
电路板

a) 焊接准备　　b) 加热焊件　　c) 熔化焊锡丝　　d) 移开焊锡丝　　e) 抬起烙铁头

图 3-14　通孔插装元器件的焊接步骤

（二）焊接注意事项

1）焊点没有凝固时引线不能晃动，否则焊点结构将有间隙，造成虚焊。

2）对于易热损坏元器件应该用镊子夹着引线焊接，如小功率晶体管、电容等。

3）焊接时，不允许将焊锡滴溅在元器件上或其他部位，以免烫伤元器件或造成电路板短路。

4）焊接高压电路时应注意：

①为防止高压尖端放电，焊点应无锡刺。

②为防止高压辉光放电，焊点之间、导线之间应无残存的焊剂和脏物，焊点周围应干净，以提高绝缘强度。

③为防止高压电场感应电压，焊接地线应牢固。

④为防止操作触电，高压部分应加绝缘套管。

⑤为防止高压打火，损坏元器件，高压电路紧固部分应紧固，无松动现象。

5）高频电路焊接工艺要求如下：

①为防止噪声干扰，地线需短而粗，且接地面积大，使地线阻抗极小，严防虚焊。

②高频电路中元器件引线有分布参数影响，要求引线最短为佳。

③高频电路中导线应按实际要求放置，横平竖直都会产生互感或分布电容。

④由于高频趋肤效应，各点的连线应最短，用粗导线宽铜箔连接，减少电压传输损耗。为防止高频介质损耗，要求焊接部位干净。

6）CMOS 电路输入阻抗极高，可达 $10^9 M\Omega$，人体的感应电荷足以将其击穿。焊接时应采用外壳接地的电烙铁（如外壳无接地装置，则需断电后焊接）且腕部戴防静电手环。

（三）焊接前的准备

1）应按配套明细表要求核对各种电子元器件的名称、型号、规格、牌号、数量及合格标记或证明文件等。

2）检查电子元器件外观，应无损伤、涂镀层无脱落、引线无锈蚀，元器件本体根部无裂痕等缺陷。

3）PCB 的名称、图号等应符合 PCB 组装件装配图的要求。

4）电子元器件的引线和焊端应进行搪锡处理。

5）导线端头应进行剥头、捻头和搪锡处理。

6）电子元器件的引线应弯曲成形。

7）镀金的导线芯线、电子元器件的引线和焊端等，应进行除金与搪锡。

8）剪切多余的引线或导线端头时，应采用平口剪线钳或留屑钳。钳子的剪切面剪切引线的情况如图 3-15 所示。

a) 正确使用钳子的剪切面剪切引线　　　　　　b) 不正确使用钳子的剪切面剪切引线

图 3-15　钳子的剪切面剪切引线的情况

9）电子元器件的引线或导线端头插装后，应露出 1.5mm ± 0.8mm，如图 3-16 所示。

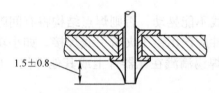

1.5 ± 0.8

图 3-16　引线露出的长度

（四）导线与接线端子的焊接

1）焊杯的焊接如图 3-17 所示。

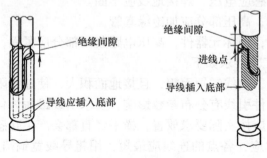

绝缘间隙

绝缘间隙

进线点

导线应插入底部

导线插入底部

图 3-17　焊杯的焊接

① 把导线垂直插入焊杯并与焊杯底部接触。

② 焊杯内导线芯线的总截面积不应超过每个焊杯的内径截面积。当焊杯内安装一根导线时，导线芯线的直径与焊杯的内径之比一般为 0.6 ~ 0.9。

③ 焊接时钎料应润湿焊杯中所有内表面，钎料的填充量为 100%。

④ 在焊接过程中，导线与焊杯之间不应出现相对移动。在钎料凝固时，导线不应因受回弹力的作用而在焊接部位产生残余应力。

⑤ 焊接时不应发生基材烫伤、变形和隆起的情况。

2）塔形接线柱的焊接如图 3-18 所示。

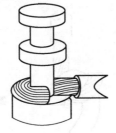

a) 直径≥0.3mm导线的缠绕　　　b) 直径＜0.3mm导线的缠绕

图 3-18　塔形接线柱的焊接

① 塔形接线柱上导线的弯曲部分应与塔形接线柱的基座保持平行，导线不应超出塔形接线柱的基座尺寸。

② 塔形接线柱的顶部接线应离开塔形接线柱顶端至少一倍导线直径的距离。

③ 导线在塔形接线柱上缠绕最少 1/2 圈，但不应超过一圈。对于直径小于 0.3mm 的导线，最多可缠绕三圈。

④ 当一根以上导线连接到塔形接线柱上时，应由粗到细依次向上连接。

⑤ 在焊接过程中，导线与塔形接线柱之间不应出现相对移动。在钎料凝固时，导线不应因受回弹力的作用而在焊接部位产生残余应力。

⑥ 焊接后钎料应覆盖所有的导线端头与塔形接线柱的连接处，并且 100% 润湿，钎料薄而均匀，轮廓可辨。

3）叉形接线柱的焊接如图 3-19 所示。

① 导线应穿过叉形接线柱的开槽，与叉形接线柱一个柱干的两个平行平面相接触。

② 当一根以上导线连接到叉形接线柱上时，应由粗到细依次向上连接，后一根导线的弯曲方向应与前一根导线的弯曲方向相反。

③ 在焊接过程中，导线与叉形接线柱之间不应出现相对移动。在钎料凝固时，导线不应因受回弹力的作用而在焊接部位产生残余应力。

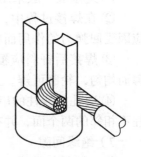

图 3-19　叉形接线柱的焊接

④ 焊接后钎料应覆盖所有的导线端头与叉形接线柱的连接处，并且 100% 润湿，钎料薄而均匀，轮廓可辨。

4）通孔接线柱的焊接如图 3-20 所示。

① 通孔接线柱上导线的截面积不应超过接线孔的截面积。导线应穿过接线孔，并接触通孔接线柱的两个面。

② 在焊接过程中，导线与通孔接线柱之间不应出现相对移动。在钎料凝固时，导线不应因受回弹力的作用而在焊接部位产生残余应力。

③ 焊接后钎料应覆盖所有的导线端头与通孔接线柱的连接处，并且 100% 润湿，钎料薄而均匀，轮廓可辨。

5）钩形接线柱的焊接如图 3-21 所示。

  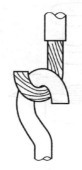 

图 3-20　通孔接线柱的焊接　　　　　图 3-21　钩形接线柱的焊接

① 导线在钩形接线柱上缠绕最少 1/2 圈，但不应超过一圈。对于直径小于 0.3mm 的导线，最多可缠绕三圈。导线不应互相重叠。

② 导线宜连接在钩形接线柱的弧段内。钩形接线柱的末端接线应离开钩形接线柱末端至少一倍导线直径的距离。

③ 在焊接过程中，导线与钩形接线柱之间不应出现相对移动。在钎料凝固时，导线不应因受回弹力的作用而在焊接部位产生残余应力。

④ 焊接后钎料应覆盖所有的导线端头与钩形接线柱的连接处，并且 100% 润湿，钎料薄而均匀，轮廓可辨。

6）串联连接的焊接

① 连接线一般采用经搪锡处理的单股镀银导线。

② 在焊接过程中，导线与接线端子之间不应出现相对移动。在钎料凝固时，导线不应因受回弹力的作用而在焊接部位产生残余应力。

③ 焊接后钎料应覆盖所有的导线端头与接线端子的连接处，并且 100% 润湿，钎料薄而均匀，轮廓可辨。

④ 通孔接线柱的串联连接如图 3-22 所示（每个接线柱之间的连接线应接到各个接线柱不相邻的两个面，并有应力释放的余量）。

7）绝缘间隙

焊点钎料与导线端头的绝缘间隙应满足以下要求。

图 3-22 通孔接线柱的串联连接

① 最小间隙：绝缘层靠近钎料，但不应嵌入钎料，绝缘层不应熔融、烧焦或缩小直径。

② 最大间隙：两倍导线直径或 1.6mm，取两者最小值。

（五）通孔插装元器件（THC）的焊接

1）通孔插装元器件在 PCB 上的安装应符合 QJ 3012—1998《航天电子电气产品元器件通孔安装技术要求》。

2）PCB 上的金属壳体元器件应能与相邻印制导线和导体元器件绝缘。

3）轴向引线元器件的安装应使元器件本体位于两个焊盘之间的居中位置。

4）中、小功率晶体管的引线不应交叉插装。

5）PCB 元器件孔的孔径与引线直径应有 0.2 ～ 0.4mm 的合理间隙。插入任何一个元器件孔内的电子元器件引线或导线不应超过一根。

6）PCB 在组装前，应进行预烘去湿处理。单面板和双面板的预烘温度为 80 ～ 85℃，多层板的预烘温度为 110 ～ 120℃，时间均为 2 ～ 4h。

7）焊接时，应采用先剪切后焊接的方法。如果采用先焊接后剪切的方法，应对该焊点重新进行一次焊接，此次焊接可视为焊接过程中的一道工序，而不视为返工。

8）对 PCB 元器件孔（孔已金属化）进行焊接时，钎料只能从 PCB 的焊接面流向元器件面，钎料应覆盖焊接面的整个焊盘，元器件孔内应填满钎料。

9）在整个焊接过程中，应使烙铁头保持适当的焊接温度：对于一般电子元器件的焊接，烙铁头温度宜为 280℃，在任何情况下不应超过 330℃；对于引线或端子较粗、焊盘与 PCB 大面积铜箔相连等散热快的特殊焊接情况，允许烙铁头温度为 360℃。

10）一般通孔插装元器件的焊接时间为 2 ～ 3s，热敏元器件的焊接时间为 1 ～ 2s。

11）若在规定时间内未达到焊接要求，则应待焊点冷却后，再重新进行焊接。

12）高频电路中的导线端头与电子元器件引线若采用搭焊，导线端头与电子元器件引线应平行紧靠。钎料应均匀渗入到搭接的导线端头与电子元器件的引线之间，焊点表面应光滑，导线端头或电子元器件引线不应起翘，钎料不应流入导线或电子元器件的根部。

13）双列直插式元器件焊接时应采用对角线方法进行依次焊接，避免产生局部过热的情况。

14）焊接静电敏感元器件时，在整个焊接过程中宜在 PCB 组装件插头上插上短路电连接器。

（六）导线与 PCB 的焊接

导线与 PCB 的焊接可用搭焊或通孔焊接，焊接时应采取应力消除措施。搭焊如

图 3-23 所示，通孔焊接如图 3-24 所示，其中 d 为导线芯线直径，D 为导线直径，H 为绝缘间隙，L 为导线露出 PCB 的长度，r 为导线芯线弯曲半径，R 为导线弯曲半径，尺寸要求为：

1）$r \geqslant 2d$。

2）$R \geqslant 2D$。

3）$1\text{mm} \leqslant H \leqslant 2\text{mm}$。

4）$L = 1.5\text{mm} \pm 0.8\text{mm}$。

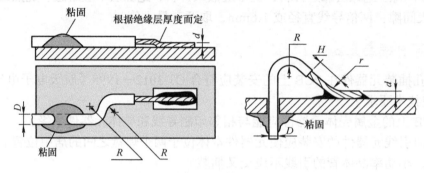

图 3-23　搭焊

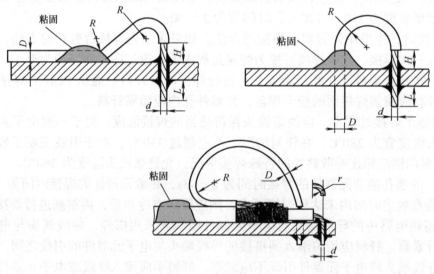

图 3-24　通孔焊接

四、焊接后的检验

焊接完成以后，目测（或靠放大镜）直观检查焊点是否有缺陷，这是判断焊点质量的一个重要手段。表 3-2 列出了可能出现的焊点缺陷及其外观、危害和原因。

表 3-2 可能出现的焊点缺陷及其外观、危害和原因

焊点缺陷	外观检查	危 害	原因分析
虚焊	焊锡与元器件引线或与铜箔之间有明显黑色界线，焊锡向界线凹陷	不能正常工作	1）元器件引线未清洁好，未镀好锡或锡被氧化 2）PCB未清洁好，喷涂的焊剂质量不好
钎料堆积	焊点结构松散、呈现白色、无光泽	强度不足，可能虚焊	1）钎料质量不好 2）焊接温度不够 3）钎料未凝固时，元器件引线松动
钎料过多	钎料面呈凸形	浪费钎料，且可能包藏缺陷	焊锡丝撤离过迟
钎料过少	焊接面积小于焊盘的80%，钎料未形成平滑的过渡面	强度不足	1）钎料流动性差或焊锡丝撤离过早 2）焊剂不足 3）焊接时间太短
松香渣	焊缝中夹有松香渣	强度不足，导通不良，有可能时通时断	1）焊剂过多或已失效 2）焊接时间不足，加热时间过长 3）表面氧化膜未去除
过热	焊点发白，无金属光泽，表面较粗糙	焊盘容易剥落，强度降低	电烙铁功率过大，加热时间过长
冷焊	表面呈豆腐渣状颗粒，有时可能有裂纹	强度低、导电不好	钎料未凝固前焊件抖动
润湿不良	钎料与焊件交界面接触过大，不平滑	强度低，不导通或时通时断	1）焊件清理不干净 2）焊剂不足或质量差 3）焊件未充分加热
不对称	钎料未流满焊盘	强度不足	1）钎料流动性差 2）焊剂不足或质量差 3）加热不足
松动	导线或元器件引线可移动	导通不良或不导通	1）钎料未凝固前引线移动造成空隙 2）引线未处理好（润湿差或不润湿）

（续）

焊点缺陷	外观检查	危　害	原因分析
拉尖	出现尖端	外观不佳，容易造成桥接现象	1）焊剂过少，且加热时间过长 2）电烙铁撤离角度不当
桥接	相邻导线连接	电气短路	1）钎料过多 2）电烙铁撤离方向不当
针孔	目测或用低倍放大镜可见有孔	强度不足、焊点容易腐蚀	引线与安装孔的间隙过大
气泡	引线根部有喷火式焊料隆起，内部藏有空洞	暂时导通，但长时间容易引起导通不良	1）引线与安装孔的间隙过大 2）引线润湿性不良 3）双面板堵通孔时间长，孔内空气膨胀
铜箔翘起	铜箔从 PCB 上剥离	PCB 已损坏	焊接时间太长，温度过高
剥离	焊点从铜箔上剥落（不是铜箔与 PCB 剥离）	断路	焊盘上金属镀层不良

五、拆焊

在电子设备的调试维修中，经常需要拆下一些元器件来测试，以判断其好坏，应注意不要因拆焊而损坏元器件。

有些元器件如电阻、电容等引线少，可以将 PCB 立起后固定，在用电烙铁加热焊点的同时用镊子夹住元器件的引线轻轻拉出，如图 3-25 所示。重新焊接时，用镊子将安装孔再次捅开，进行焊接。此法在同一焊点处不宜多用，以免造成焊盘脱落。

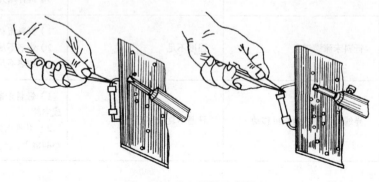

图 3-25　分点拆焊示意图

当拆焊焊点较多时，一般采用下列方法。

（1）使用吸锡器或吸锡电烙铁 前面已介绍了吸锡电烙铁的使用，它既能完好拆下旧的元器件，又使焊盘不致堵塞。由于它只能逐点拆焊，且须频繁清除吸入的锡渣，所以效率较低。

（2）使用专用工具 采用图3-26所示的专用烙铁头，它可同时加热多个焊点，拆焊效率高。但需要针对不同种类元器件制作专用工具，且应使用大功率的电烙铁。

（3）使用吸锡材料 吸锡材料包括屏蔽编织层、细铜网及多股铜导线等。使用前将材料蘸上松香，放到待拆焊点用电烙铁加热吸锡材料，通过热量的传导，焊锡被熔化，吸锡材料将焊锡吸走，焊点被拆除，如图3-27所示。

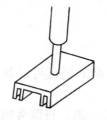
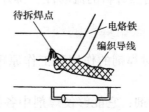

图3-26 专用烙铁头　　　　　　　　图3-27 用吸锡材料拆焊

第四节　无铅焊剂

一、无铅焊剂的概念

传统焊剂用在无铅钎料的焊接时，表现出来的耐高温性能较差，很多在经过较高的预热和较高的炉温时会失去部分活性，造成上锡不好的情况；另外，传统焊剂在无铅焊接中表现出来的润湿性能不够，造成焊接不良的情况较多。所以在无铅焊接过程中焊剂的选择成了首要问题。

无铅焊剂并不是指焊剂本身没有铅或不含铅，而是指针对无铅焊接工艺所设计与研发的焊剂，当然，无铅焊剂本身的有毒有害物质也必须满足欧盟公布的《关于在电子电气设备中限制使用某些有害物质指令》。

此类焊剂一般固态物含量为中等，活化剂耐高温性能好，润湿性能也能够满足无铅焊接的要求，经过大量的反复实验，无铅钎料专用焊剂已成功上市，随着无铅钎料的逐步推广，无铅钎料专用焊剂的市场将越来越广阔。

二、无铅焊剂的工作原理、组成和基本要求

在整个焊接过程中，焊剂通过自身活性物质的作用，去除焊接材质表面的氧化层，同时使钎料和焊件之间的表面张力减小，增强钎料的流动、润湿性能，帮助焊接完成，所以它的名字是焊剂。

（一）焊剂的作用

1. 去除氧化物

为了使钎料在焊件上产生润湿，必须将妨碍双方金属原子接近的氧化物及污物除掉，而焊剂正具备这种功能，它能将氧化膜变成易于分解的物质，因此达到清洁表面的作用。

2. 防止继续氧化

在焊接过程中，温度过高，会使金属表面氧化加速，而焊剂会在整个金属表面上形成一层薄膜包住金属，使其同空气隔绝，从而保护焊点不会在高温下继续氧化。

3. 增强钎料的流动性

熔化后的钎料处于固体金属表面上，由于受表面张力的作用，钎料力图变成球状，而焊剂可增强钎料的流动性，排开熔化钎料表面的氧化物。

（二）无铅焊剂的组成

通过对焊剂的作用和工作原理等情况的分析，常用焊剂的组成可以基本概括为以下五部分。

1）溶剂：它能够使焊剂中各种组成均匀有效地混合在一起。目前常用溶剂主要以醇类如乙醇、异丙醇等为主，甲醇虽然价格成本较低，但因其对人体具有较强的毒害作用，所以目前已很少被正规的焊剂生产企业使用。

2）表面活性剂：以烷烃类或氟碳类等有机类为主。

3）松香（树脂）：松香本身具有一定的活化性，但在焊剂中添加时一般作为载体使用，它能够帮助其他组成有效发挥其应有作用。

4）其他添加剂：除以上组成外，焊剂往往根据具体的要求而添加不同的添加剂，如光亮剂、消光剂和阻燃剂等。

（三）无铅焊剂的一些基本要求

通过对焊剂的作用和工作原理等情况的分析，概括来讲，常用无铅焊剂应满足以下七点基本要求：

1）具有一定的化学活性，保证具有去除氧化层的能力。

2）具有良好的热稳定性。无铅焊剂与普通焊剂相比要求更高，无铅工艺温度较高的工作环境要求无铅焊剂在较高的温度下不分解、不失效。

3）具有良好的润湿性，对钎料的扩展具有促进作用，保证较好的焊接效果。

4）留存于基板的焊剂残渣对焊后材质无腐蚀性。基于安全性能考虑，水清洗类或明示为清洗型的焊剂应考虑在延缓清洗的过程中有较低的腐蚀性，或保证较长延缓期内的腐蚀性较弱。

5）需具备良好的清洗性。不论是何类焊剂，不论是否为清洗型焊剂，都应具有良好的清洗性，在切实需要清洗的时候，都能够保证有适当的溶剂或清洗剂可以对其进行彻底的清洗。因为焊剂的根本目的只是帮助完成焊接，而不是要在焊件表面做一个不可去除的涂层。

6）各类型焊剂应基本达到或超过相关国标、行标或其他标准对相关焊剂一些基本参数的规范要求。达不到相关标准要求的焊剂，严格意义上讲是不合格的焊剂。

7）焊剂的基本组成应对人体、环境无明显公害或潜在危害已知。因为环保当前是一个世界性的课题，它关系到人体、环境的健康、安全，也关系到行业持续性发展的可能性。

三、目前常见无铅焊剂的种类

根据无铅焊剂的用途来分，目前常见的种类大概有以下四种。

（一）电子装配用无铅焊剂

在电子装配方面，目前市场推广的多是低固态无铅焊剂，其固态含量不低于5%，一般在8%左右，经分析可知多家日本公司在中国市场推广的无铅焊剂多数固态含量在10%左右，普遍用户反映焊后残留多。与以往普通焊剂相比，无铅焊剂要求有更高的耐高温性能，在经过较高的预热温度后仍有较好的活化性能和润湿性能，但焊后的残留需很好的分解，不能造成板面的残留污染。按目前推广的种类来分，用在装配方面的无铅焊剂大致可分为免清洗无铅焊剂、低固态无铅焊剂、松香型无铅焊剂、水清洗无铅焊剂和水基无铅焊剂等。

电子装配用无铅焊剂对工艺条件的要求其实并不是特别高，在目前市场现有无铅设备条件下，基本可达到其使用要求，一般来讲在波峰焊当中为配合较高的波峰温度，在经过预热区时焊接面实际温度要在$100 \sim 110℃$范围内，在经过波峰焊接区时锡液温度要比锡铅合金钎料高出约$20℃$，所以无铅焊剂一定要确保在高温下仍有较好的活化性能及润湿性能。

（二）搪锡用无铅焊剂

此类焊剂适用于线材、变压器、线圈或其他元器件引线镀锡，可分为免清洗型与松香型两种，目前多数厂家使用免清洗型焊剂，并有以下要求：焊后无残留，对引线无腐蚀，焊点光亮、上锡快、易爬升，焊后引线表面平滑无点状凹凸不平等。

（三）PCB预涂层无铅焊剂

在PCB生产工序完成后，为防止PCB上焊盘的氧化，需要在其表面做一个涂层，这时所选用的焊剂就是电路板预涂层无铅焊剂。目前，多数单面板及少数双面板都要做这样的一个涂层，在涂布工艺上多数为滚涂法，该方法要求焊剂涂布后在整个板面分布均匀，板面光洁透明，无明显松香涂布痕迹。

（四）PCB热风整平无铅焊剂

此类焊剂为双面板或多层板制造工艺专用焊剂，适用于双面板及多层板的整平喷锡工艺，它能够使锡液流动性能加强，上锡迅速、均匀且镀层极薄，不阻塞电路板贯穿孔，不易产生针孔而能够获得致密锡层。多数此类焊剂在焊后可用清水洗涤。多数客户要求焊接时烟雾要少，活性要好，上锡面具有镜面光泽，锡润湿性佳，并且上锡速度快。目前可以采用刷涂、喷涂、鼓泡和滚涂等方法对此类焊剂进行涂布。

第五节 自动焊接技术

当今电子技术飞速发展，电子元器件也日趋集成化、小型化和微型化，PCB 上元器件的排列也越来越密集，手工焊接已不能满足高效率和高可靠性的要求。自动焊接技术是为了适应 PCB 的发展而产生的，它大大提高了生产效率，当前已成为 PCB 焊接的主要方法，在电子产品生产中得到普遍使用。

一、波峰焊

波峰焊是目前应用最广泛的自动焊接工艺。波峰焊采用波峰焊机进行焊接。波峰焊机的主要结构是一个温度能自动控制的熔锡缸，缸内装有机械泵和具有特殊结构的喷嘴。机械泵能根据焊接的要求，连续不断地从喷嘴压出液态锡波。当置于传送机构上的 PCB 以一定速度进入时，焊锡以波峰的形式溢出至 PCB 面进行焊接。

波峰焊机的内部结构如图 3-28 所示。

（一）波峰焊的工艺流程

典型的波峰焊工艺流程框图如图 3-29 所示。

1. 输入 PCB

将已经完成插装、检验的 PCB 固定在波峰焊机夹爪上，通过传送导轨传送入波峰焊机中，进行后续加工。

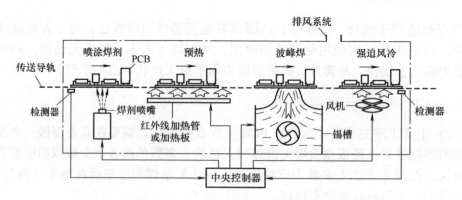

图 3-28 波峰焊机的内部结构示意图

图 3-29 波峰焊的工艺流程框图

2. 涂覆焊剂

涂覆焊剂是利用波峰焊机上的涂覆装置，把焊剂均匀的涂覆在 PCB 上。涂覆的方式有发泡式、浸渍式和喷雾式，其中发泡式最常用。

泡沫焊剂发生槽的结构：在塑料或不锈钢制成的槽缸内装有一根微孔型发泡瓷管或塑料管，槽内盛有焊剂。当发泡瓷管接通压缩空气时，焊剂从微孔内喷出细小的泡沫，喷射到 PCB 覆铜的一面，如图 3-30 所示。为使焊剂喷涂均匀，微孔的直径一般为 10μm。

3. 预热

使用热风器和两块预热板进行预热。

热风器的作用是将 PCB 焊接面上的水淋状焊剂逐渐加热，使其成糊状，增加焊剂中活性物质的作用，同时也逐步缩小 PCB 和锡槽钎料的温差，防止 PCB 变形和焊剂脱落。

热风器结构简单，箱体一般由不锈钢板制成，上加百叶窗口，箱体底部安装一个小型风扇，中间安装加热器，如图 3-31 所示。当风扇扇叶转动时，空气通过加热器后形成热气流，经过百叶窗口对 PCB 进行预加热，温度一般控制在 40 ～ 50℃ 范围内。

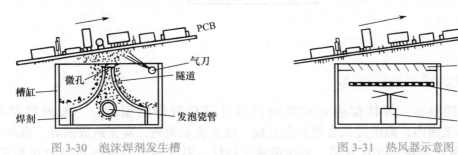

图 3-30　泡沫焊剂发生槽　　　　　　图 3-31　热风器示意图

预热板的热源有多种，如电热丝、红外石英管等。预热板的技术要求是加热要快，对 PCB 加热要温度均匀、易控制，并且节能。一般要求为第一块预热板使 PCB 焊盘或金属化孔（双层板）温度达到 80℃ 左右，第二块预热板使其温度达到 100℃ 左右。

4. 波峰焊机的锡槽焊接

波峰焊机的锡槽是完成波峰焊的主要设备之一。熔化的焊锡在机械泵（或电磁泵）的作用下由喷嘴源源不断喷出而形成波峰。当 PCB 经过波峰时元器件被焊接。

波峰焊机的型号和种类有很多，按波峰形状可分为 λ 波、Z 波、T 波、双 T 波和双 λ 波等；按构造可分为圆周形和直线形两种。波峰焊机的锡槽结构和焊接方式如图 3-32 所示。

5. 风机冷却

PCB 在锡槽完成焊接，经过一段距离自然冷却凝固后，再使用风机进行冷却，不可急速冷却，急速冷却容易造成焊锡急速凝固，从而降低焊锡的强度等物理特性，在制程上影响焊点的可靠性。

6. 输出 PCB

焊接完成的 PCB 通过接驳台流入下道工序。

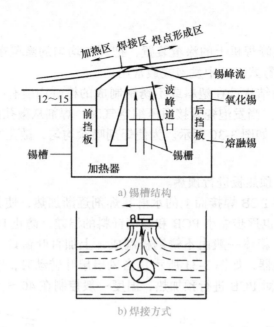

图 3-32 　波峰焊机的锡槽结构和焊接方式示意图

（二）波峰焊机操作要点

（1）焊接温度 　焊接温度是指喷嘴出口处钎料波峰的温度。一般温度控制在 230 ~ 250℃ 范围内，温度过低会使焊点毛糙、拉尖或不光亮，甚至造成虚焊、假焊；温度过高会使氧化加快，PCB 变形，甚至烫坏元器件。温度调节要根据 PCB 材质与尺寸、环境温度和传送导轨的速度做相应调整。

（2）按时清除锡渣 　锡槽中的钎料长时间与空气接触容易形成氧化物，氧化物积累多了会在机械泵的作用下随钎料喷到 PCB 上，使焊点无光泽，造成渣孔和桥连等缺陷，所以要定时（一般为 4h）清除氧化物。也可在熔融的钎料中加入防氧化剂，这既可以防止氧化，又能将氧化物还原成锡。

（3）波峰的高度 　波峰的高度调节到 PCB 厚度的 1/2 ~ 2/3 为宜。波峰过低会造成漏焊和挂锡；波峰过高会造成堆锡过多，甚至烫坏元器件。

（4）传送速度 　传送速度一般控制在 0.3 ~ 1.2m/s 范围内，依据具体情况决定。当在冬季进行焊接，PCB 线条宽、元器件多且元器件热容量大时，速度可稍慢一些，反之速度可快一些。若速度过快，则焊接时间过短，易造成虚焊、假焊、漏焊、桥连和气泡等缺陷。若速度过慢，则焊接时间过长，温度过高，易损坏 PCB 和元器件。

（5）传送角度 　传送角度一般选在 5° ~ 8° 之间，根据 PCB 面积和所插元器件多少决定。

（6）分析成分 　锡槽中的钎料使用一段时间后，会使锡铅钎料中的杂质增加，主要是铜离子杂质影响焊接质量。一般每三个月进行一次化验分析，如果超过了准许含量，应采取措施，或者进行调换。

（三）清洗

PCB 焊接完成后，一般都会有焊剂残留物和污物附在基板上。这些残留物会对基板造成不良影响（如短路、漏电、腐蚀或接触不良等），所以要及时清洗。要求清洗材料具备较强的溶解和去污能力，并且不应对焊点有腐蚀作用。清洗方法主要包括以下三种。

（1）液相清洗法　液相清洗法一般采用工业酒精、汽油和去离子水等做清洗液。这些液体溶剂对焊剂残留物和污物有溶解、稀释和中和作用。清洗时用手工工具蘸一些清洗液清洗 PCB，或用机器设备对清洗液加压，使之形成大面积的宽波来冲洗印制电路板。液相清洗法清洗质量好、速度快，有利于实现清洗工序自动化，但是设备较复杂。

（2）气相清洗法　气相清洗法是在密封的设备里，采用毒性小、性能稳定、具有良好清洗能力、防燃防爆且绝缘性能较好的低沸点溶剂如三氯三氟乙烷做清洗液。清洗时，溶剂的蒸气在清洗物表面冷凝形成液体，液体流动冲掉清洗物表面的污物，使污物随着清洗液流走，达到清洗的目的。

（3）超声波清洗法　超声波清洗法是将液体放入清洗槽内，在槽内使用超声波进行清洗。超声波是一种疏密相间的振动波，这种振动波对液体有压力作用，使液体形成气泡。这种压力是变化的，压力作用达到一定值时，气泡迅速增长，然后又突然闭合。在气泡闭合时，由于液体间相互作用产生强大的冲击波，依靠这种冲击波达到清洗 PCB 的目的。

二、再流焊

再流焊

随着电子产品轻、薄、短、小的发展趋势，焊接技术在浸焊、波峰焊的基础上也在向前发展。再流焊又称回流焊，它是伴随微型化电子产品的出现而发展起来的一种新的焊接技术，主要应用于表面安装元器件的焊接。

再流焊就是先将钎料加工成粒状粉末，加上适当的液态黏合剂，使之成为具有一定流动性的糊状焊膏，用它将元器件粘在 PCB 上。再流焊通过加热使焊膏中的钎料熔化而再次流动，从而达到将元器件焊接到 PCB 上的目的。再流焊的工艺流程框图如图 3-33 所示。

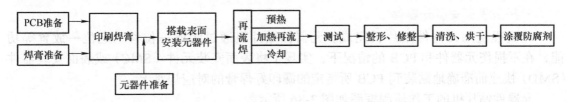

图 3-33　再流焊的工艺流程框图

在工艺流程中，可以使用手工、半自动或自动丝网印刷机，像油印一样将糊状焊膏（由锡铅钎料、黏合剂和抗氧化剂组成）印到 PCB 后，再将元器件与 PCB 粘接，然后在加热炉中将焊膏加热到液态。加热的温度根据焊膏的熔化温度准确控制（一般锡铅合金焊膏的熔点为 223℃）。在整个焊接过程中，PCB 需经过预热区、再流焊区和冷却区。焊接完毕经测试合格后，还应对 PCB 整形、修整、清洗、烘干并涂覆防腐剂。

（一）再流焊生产线

典型的再流焊工艺流程通常包括印刷焊膏（或点贴片胶）、搭载表面安装元器件、再流焊（或固化）、检测和返修等工艺流程，使用的设备分别是焊膏印刷机、元器件贴片机、再流焊机、检测设备和维修设备，这些设备组成一条再流焊生产线，如图 3-34 所示。

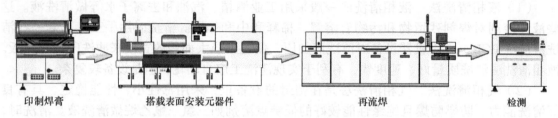

| 印制焊膏 | 搭载表面安装元器件 | 再流焊 | 检测 |

图 3-34　再流焊生产线

1. 印刷焊膏

此流程使用焊膏印刷机完成。焊膏印刷机主要由网板、刮刀和印刷工作台等构成，如图 3-35 所示。首先将网板和 PCB 定位后，在网板上涂上足量的焊膏，对刮刀施加压力，同时移动刮刀使焊膏滚动，把焊膏填充到网板的开口位置。进而利用焊膏的触变性和粘附性，通过网孔把焊膏转印到 PCB 上。

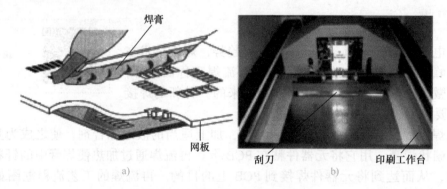

图 3-35　焊膏印刷机内部工作图

2. 搭载表面安装元器件

此流程使用元器件贴片机完成。元器件贴片机通过吸取—位移—定位—放置等功能，在不损伤元器件和 PCB 的情况下，实现了将表面安装元件（SMC）或表面安装器件（SMD）快速而准确地贴装到 PCB 所指定的漏印好焊膏的对应焊盘上。

元器件贴片机的工作流程框图如图 3-36 所示。

元器件贴片机是计算机控制的自动化生产设备，由软件系统和硬件系统组成。软件系统是进行贴片之前编制的程序。贴片过程就是按照贴片程序进行贴片，如果程序中坐标数据不精确，那么贴片精度再高的贴片机也不能保证贴片质量。因此贴片程序的好坏直接影响贴片精度和贴片效率。

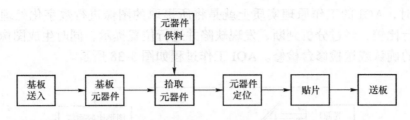

图 3-36 元器件贴片机的工作流程框图

元器件贴片机的硬件系统由机架、X–Y 运动机构（包括滚珠丝杆、滚动直线导轨和驱动电动机）、贴片头、元器件供料器、PCB 承载机构、元器件对中检测装置和计算机控制系统组成，整机的运动主要由 X–Y 运动机构来实现，通过滚珠丝杆传递动力，由滚动直线导轨实现定向运动，这样的传动形式不仅使其自身的运动阻力小、结构紧凑，而且较高的运动精度有力地保证了各元器件的贴片精度。

3. 再流焊（或固化）

此流程使用再流焊机完成。再流焊机主要应用于贴装好表面安装元器件的 PCB 焊接。它利用加热的方式，将 PCB 焊盘上的焊膏重新熔化，从而使表面安装元器件和 PCB 焊盘通过焊膏可靠地给合在一起。

再流焊按照加热方式的不同，可以分为汽相再流焊、红外再流焊、热风再流焊、热板加热再流焊和激光再流焊等类型。其中，热风再流焊使用得最多，其使用的设备为热风再流焊机，热风再流焊机的内部温区结构如图 3-37 所示。

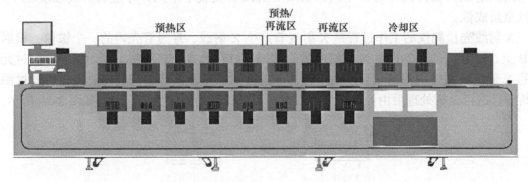

图 3-37 热风再流焊机的内部温区结构

再流焊机的结构主体是一个热源受控的隧道式炉膛，沿传送系统的运动方向设有若干独立控温的温区，各温区通常设定为不同的温度。全热风对流再流焊机一般采用上、下两层的双加热装置，PCB 随传动机构直线匀速进入炉膛，顺序通过各个温区，完成焊点的焊接。

4. 检测

完成再流焊的 PCB，还要经过测试才能保证焊接的质量。

（1）自动光学检测仪 自动光学检测仪（Automated Optical Inspection，AOI）是一种新型的测试仪，它主要针对可见的元器件缺漏检查、元器件识别、SMD 方向检查、焊点检查、引线检查和反接检查等。

AOI 由工作台、CCD（电荷耦合器件）摄像系统、机电控制和系统软件四大部分构成。

在进行检测时，AOI 的工作原理实质上就是将所摄取的图像进行数字化处理，然后与预存的标准进行比较，经过分析判断，发现缺陷并进行位置提示，同时生成图像文字，待操作者进一步的确认或送检修台检修。AOI 工作过程如图 3-38 所示。

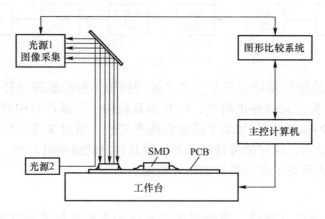

图 3-38　AOI 的工作过程

AOI 的不足之处是只能进行图形的直观检验，检测效果依赖系统的分辨率，它不能检测不可见的焊点和元器件。

（2）X 射线光检测仪　对于 PLCC（J 形引脚）、BGA 等封装的芯片，焊点在元器件的下面，人眼和 AOI 都不能检测到，只能用 X 射线检测法。X 射线具有很强的穿透性，当射线照射到元器件内部时，不同的物质对射线的吸收率不同，穿透的射线强度也不同，可以重新成像。

X 射线光检测仪的工作过程是 X 射线管产生 X 射线，穿过管壳内的一个铍窗，投射到 PCB 上。PCB 上的元器件对 X 射线的吸收率因其材料的成分与比例不同而不同。穿过元器件的 X 射线被摄像机探测到后产生信号，通过增强器对该信号进行处理放大，再通过图像分析软件进行分析处理后由计算机进行成像。X 射线光检测仪的工作过程如图 3-39 所示。

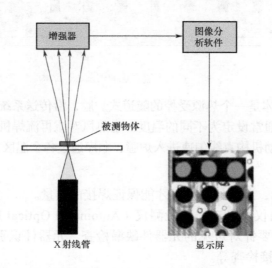

图 3-39　X 射线光检测仪的工作过程

5.返修

表面安装元器件的焊接缺陷使用返修工作站进行维修。该系统采用微处理器控制和红外温度传感器技术，能够安全、精确地对表面安装元器件进行返修和焊接，且可通过焊接软件（testo IRSoft）对整个工艺过程进行控制，记录其全部信息，从而满足现代电子工业更高的工艺要求，是电子工业领域具有一定价值的电子工具。

返修工作站由 IR2005 红外返修系统和 PL2005 精密贴放系统两大部分组成，如图 3-40 所示。

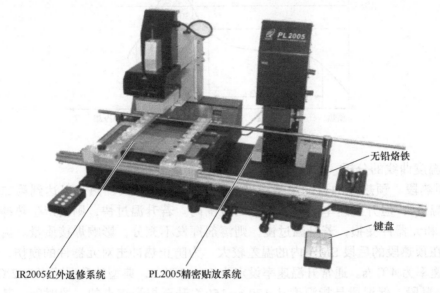

图 3-40 返修工作站

PL2005 精密贴放系统使用精密的微调摄像仪，为 IR2005 红外返修系统的精确焊接提供了位置控制。

IR2005 红外返修系统由红外温度传感器、再流焊工艺摄像机、冷却系统、红外加热器、真空泵和微处理器组成。各个部分配合，组成了完善的小型再流焊系统。

红外温度传感器用于在焊接过程监测焊接的温度。真空泵提供强大的吸力吸住焊件。再流焊工艺摄像机判断焊接和拆焊过程中钎料熔化的精确信息。红外加热器采用闭环控制再流焊技术实现高可靠的无铅焊接。冷却系统为 PCB 提供有效冷却。

（二）红外热风再流焊

红外热风再流焊机是目前较为理想的加热设备。这类设备充分利用了红外线穿透力强的特点，热效率高、节电，同时有效地克服了红外再流焊机的温差和遮蔽效应，并弥补了热风再流焊机气体流速过快而造成的影响，因此目前红外热风再流焊机在国际上应用最广泛。

随着组装密度的提高、精细间距组装技术的出现，还出现了氮气保护的再流焊机。在氮气保护条件下进行焊接，可防止氧化，提高焊接润湿力，加快润湿速度，对未贴正的元器件矫正力度大，焊珠减少，更适合于免清洗工艺。

（1）温度曲线的建立　温度曲线是指表面安装组件（Surface Mount Assembly，SMA）通过回流炉时，SMA 上某一点的温度随时间变化的曲线。温度曲线提供了一种直观的方法来分析某个元器件在整个再流焊过程中温度变化的情况。这对于获得最佳的焊接性，避免由于超温而对元器件造成损坏，以及保证焊接质量都非常有用。如图 3-41 所示为再流焊典型温度曲线。

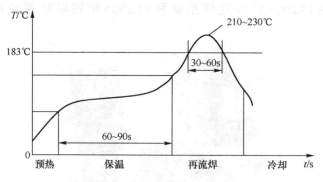

图 3-41　再流焊典型温度曲线

（2）温度曲线的分析　下面对温度曲线进行简要分析。

1）预热段。预热段的目的是把温度为室温的 PCB 尽快加热，以达到第二个特定目标（预热温度），但升温速率要控制在适当范围内。若升温过快，则会产生热冲击，可能导致 PCB 和元器件受损；若升温过慢，则溶剂挥发不充分，影响焊接质量。由于加热速度较快，在预热段的后段 SMA 内的温差较大。为防止热冲击对元器件的损伤，一般规定最大升温速率为 4℃/s。通常升温速率设定为 1～3℃/s，典型的升温速率为 2℃/s。

2）保温段。保温段是指温度从 120～150℃升至焊膏熔点的一段时间，其主要目的是使 SMA 内各元器件的温度趋于稳定，尽量减少温差。在保温段给予足够的时间使较大元器件的温度赶上较小元器件，并保证焊膏中的焊剂得到充分挥发。当保温段结束时，焊盘、钎料球及元器件引线上的氧化物被除去，整个 PCB 的温度达到平衡。应注意的是，SMA 上所有元器件在保温段结束时应具有相同的温度，否则进入到再流焊段将会因为各部分温度不均产生各种不良焊接现象。

3）再流焊段。在这一段时间里加热器的温度设置得最高，使 SMA 的温度快速上升至峰值温度。再流焊段其峰值温度根据所用焊膏的不同而不同，一般推荐为焊膏的熔点温度加 20～40℃。对于熔点为 183℃的 Sn-37%Pb 焊膏和熔点为 179℃的 Sn-36%Pb-2%Ag 焊膏，峰值温度一般为 210～230℃，再流焊段时间不要过长，以防对 SMA 造成不良影响。理想的温度曲线是使超过焊膏熔点的"尖端区"覆盖的面积最小。

4）冷却段。这段中焊膏内的锡铅粉末已经熔化并充分润湿焊件表面，再流焊机应该用尽可能快的速度来进行冷却，这样将有助于得到明亮的焊点，并使焊点外形好，接触角度小。如果冷却速度较慢，会导致 PCB 焊盘上的金属物质过多地分解融入锡中，从而产生灰暗毛糙的焊点，在极端的情形下，还能引起沾锡不良且减弱焊点结合力。冷却段的降温速率一般为 3～10℃/s，冷却至 75℃即可。

三、其他焊接方法

除了上述三种焊接方法以外，超声波焊、热超声金丝球焊、机械热脉冲焊也应用到了微电子元器件组装中。特别是激光焊，能在几毫秒的时间内将焊点加热到熔化温度实现焊接，热应力影响极小，可以同锡焊相比，是一种很有潜力的焊接方法。

随着微处理技术的发展，微机控制的焊接设备已应用到了电子焊接中，如微机控制电子束焊接。还有一种光焊技术，采用光敏导电胶代替焊锡，将集成电路芯片粘在 PCB 上并用紫外线固化焊接，已应用在 MOS 集成电路的全自动化生产线上。

今后，随着现代电子工业的不断发展，传统的焊接方法将不断被改进和完善，新的高效率的焊接方法将不断涌现。

第六节 无铅焊接的工艺技术与设备

电子产品制造业实施无铅化的过程需面临以下问题：
1）钎料的无铅化。
2）元器件和 PCB 的无铅化。
3）焊接设备的无铅化。

一、钎料的无铅化

到目前为止，全世界已报道的无铅钎料成分有近百种，但真正被行业认可并被普遍采用是 Sn-Ag-Cu 三元合金，也有被采用的多元合金（添加 In、Bi 和 Zn 等成分）。现阶段国际上是多种无铅钎料共存的局面，给电子产品制造业增加了成本，出现不同的客户要求不同的钎料和不同的工艺等问题，所以未来的发展趋势将趋向于统一的无铅钎料。无铅钎料的特点如下：
1）熔点高，比共晶焊锡的熔点高约 30℃。
2）延展性有所下降，但不存在长期劣化问题。
3）焊接时间一般为 4s 左右。
4）抗拉强度初期强度和后期强度都比共晶焊锡优越。
5）耐疲劳性强。
6）对焊剂的热稳定性要求更高。
7）高锡含量，高温下对铁有很强的溶解性。
无铅钎料的特性决定了新的无铅焊接工艺和设备。

二、元器件和 PCB 的无铅化

在无铅焊接工艺流程中，元器件和 PCB 镀层的无铅化技术相对复杂，涉及领域较广，这也是国际环保组织推迟无铅化进程的原因之一。在将来的一段时间内，无铅钎料将与 Sn-Pb 的 PCB 镀层共存，会带来"剥离（Lift-Off）"（产生的原因是在冷却过程中，钎料的冷却速率与 PCB 的冷却速率不同）等焊接缺陷，设备厂商不得不从设备上克服这种缺陷。另外无铅化对 PCB 制作工艺的要求也相对提高，元器件和 PCB 的材质耐热性要求要更好。

三、焊接设备的无铅化

（一）无铅手工焊接

1. 焊接工具——电烙铁

（1）低成本空心电烙铁　此类电烙铁一般由两芯功率电缆直接与带有固定输出功率的加热单元相连。由于烙铁头未接地，因此不适宜焊接对静电敏感的电子元器件。此外由于加热单元和烙铁头无法更换，损坏之后只能废弃。

（2）非可调电压的专业电烙铁　基本原理与（1）中的电烙铁相同，有两芯、三芯电缆，加热单元和烙铁头可更换，烙铁头、形状和功率可选。

（3）由变压器供电的焊接工作台　此类设备可调电压，可防静电。

（4）迷你电烙铁　为了适应小型元器件而产生，特点是烙铁头非常细小。

（5）大功率电烙铁　功率在 100W 以上，烙铁头温度高、体积大，要防止着火。

2. 焊接的注意事项

1）电烙铁的功率一般在 60W 以上，70W 或 75W 最为合适。一般而言，烙铁头的温度要高于钎料熔点 150℃，因此在无铅手工焊接中烙铁头温度要在 370 ～ 440℃ 范围内。

2）建议使用恒温电烙铁，这样既能保证足够的焊接温度，又不会因烙铁头过热而损伤电烙铁。同时，烙铁头过热会导致严重的飞溅问题。

3）无铅钎料中含锡量相当高，一般在 95% 以上，而高锡含量的无铅钎料对烙铁头的腐蚀相对严重，因此建议使用带有效防护镀层的烙铁头。

4）用于无铅手工焊接的电烙铁必须具有很好的回温性能，这一点对于集成电路引线的拖焊非常重要。

（二）无铅浸焊

浸焊主要用于为线材、电子元器件引线上锡，也有一部分 PCB 的组装用浸焊工艺。

浸焊工艺相对简单，但要注意以下五点：

1）无铅浸焊时锡炉的温度一般设定在 260 ～ 280℃ 范围内，在变压器浸锡等条件下依据工艺要求不同，锡炉温度应设定在 380 ～ 470℃ 范围内。

2）影响无铅浸焊质量的一个主要问题是焊剂的挥发问题。

3）钎料的氧化问题。

4）铜的熔解问题。无论是线材、电子元器件的引线，还是 PCB 上的焊盘，都含有大量的铜。在无铅浸焊过程中铜在熔融钎料中熔解，较细的线材引线直径会变小或熔断。

5）无铅浸焊的最大问题在于铜熔解带来的金属间化合物的清除问题。在这一方面与锡铅钎料相比会带来意想不到的困难。铜与锡形成金属间化合物 Cu_6Sn_5，其熔点在 500℃ 以上。$Sn_{63}Pb_{37}$ 的密度为 $8.80g/cm^3$，Cu_6Sn_5 的密度为 $8.28g/cm^3$，无铅钎料的密度

为 $7.40g/cm^3$，因此在无铅浸焊中 Cu-Sn 合金容易沉积在锅底导致传热不良，所以要求平均一个月清炉一次。

（三）无铅波峰焊

与传统的波峰焊机相比，无铅波峰焊机在结构和性能上有下列改进。

1. 预热和加热温度提高，温控精度高

无铅钎料的熔点比有铅钎料高 30℃以上，这就要求波峰焊机要有更高的预热温度和锡槽温度。预热时间一般为 1～3min，PCB 传送速率为 1.2m/min，预热区长度大于 1.4m，一般分为两段预热。元器件预热区的温度为 130～150℃（焊接面），保温区的温度为 150～170℃（10～30s），焊接区的焊接温度为（250±2）℃（实测元器件焊点温度在 230℃以上）。因此波峰焊机的预热区通常采用加热板式、高温烧结陶瓷管或红外线加热管加热的方式，预热区的温度控制采用 PID（比例积分微分）加模拟量调压调相方式，温度控制精度在 ±2℃以内。

2. 锡槽喷口结构改进

要求焊接时钎料的润湿时间不小于 4s。采用双波峰焊接，第一波峰为通常的絮流波，第二波峰为层流宽平波。采用加宽波峰口，减小波峰口间距的设计方案，两波峰口之间的距离为 60mm 左右，使两个波峰之间的焊锡相距 30mm 左右。焊接时两个波峰之间的温度跌落（下降）最大不超过 50℃。

3. 焊锡防氧化与锡渣分流

无铅钎料的高锡含量使钎料更容易氧化，控制焊锡氧化成为无铅焊接的重要问题。焊锡防氧化和锡渣分流采取的主要措施如下：

1）采用新型喷口结构和锡渣分离设计，尽量减少锡渣中的含锡量，在正常工作情况下可使氧化锡渣中的含锡量减少到每 8min 低于 2kg。

2）氧化锡渣自动聚积的流向设计，波峰上无漂浮的氧化锡渣，无须淘渣，减少维护。

3）要彻底减少氧化锡渣的形成，最好采用氮气保护。在 200℃以上时，焊盘容易氧化，氧化膜的厚度随温度的升高快速增加，可能出现钎料润湿性变差，影响焊接质量。氮气保护首期投资较大，但从质量和经济性长远考虑，最终还是划算的。

4. 增加抗腐蚀性措施

在高温下，锡对铁有较强的熔解性。传统波峰焊机的不锈钢锡槽及锡汞和喷口会逐渐腐蚀，特别是叶片、喷口等更容易损坏。若无铅钎料中含有锌，则更易使其氧化。因此无铅波峰焊机的这些部位应当采用钛合金制造，才可避免腐蚀损坏。

5. 焊剂和焊剂喷涂系统

进行无铅焊接时，最好采用专为无铅焊接研制的免清洗焊剂，该焊剂固体含量低、不含卤素、挥发完全，也不含任何树脂、松香或其他合成物质，焊后无残留物。上海晶英电子有限公司生产的免清洗焊剂 IF2005C，专为无铅焊接研制，对于大部分难以焊接的表面有极好的焊接性能，焊后无残留物。在进行 HAL（热风焊锡整平）以及焊接 OSP（有

机可焊性保护层）、镍金和化学镀锡表面时，焊接可靠性极高。

最好使用焊剂喷涂系统，采用喷雾法进行焊剂的喷涂。焊剂喷涂系统具有一个密闭式的增压恒压罐，内装焊剂。喷嘴采用步进电动机驱动，微机控制，是一个喷涂速度、喷涂宽度和喷涂量都可调的自动跟踪系统。焊剂回收采用上下抽风、两级不锈钢丝网过滤的方式，上部过滤网倾斜，利用流体特性最大限度地过滤收回多余的焊剂。该系统适合各种无 VOC（挥发性有机化合物）环保焊剂的喷涂。

6. 温度控制精度提高

原来有铅钎料的熔点为 183℃，达到的焊接温度为 250℃（实测焊点温度 210℃左右），工艺窗口为 67℃。进行无铅焊接时无铅钎料的熔点达到 210℃或更高。由于元器件耐湿热性的限制，焊接温度仍为 250℃，使其焊接区的工艺窗口变窄。这就要求波峰焊机的温度的控制精度提高到 ±2℃。传统波峰焊机采用温度表方式控温，原理为通断模式（ON-OFF），温度控制精度低。有的厂家对新的无铅波峰焊机采用 PID 加模拟量调压控制方法，可减少温度冲击，达到较高的温度控制精度。锡槽的温度控制精度最低应达到 ±2℃。

7. 控制冷却速率

在推广过渡阶段，无铅钎料势必与某些元器件和 PCB 上的有铅涂层共同存在。由于无铅钎料的液相线和固相线温差较大，其冷却速率与 PCB 的冷却速率不同，热导率大的通孔插装元器件引线和焊盘附近先凝固，钎料产生热收缩，而使最后凝固的低熔点钎料在靠近焊盘一侧发生剥离，出现无铅钎料的焊点与 PCB 焊盘相剥离的现象。若采用含 Bi 的无铅钎料，这种现象可能更为突出。为避免这一现象，需要在波峰焊机的出口处加装冷却装置。一般采用自然风强制冷却，冷却速率在 6 ～ 8℃/s 或 8 ～ 12℃/s，根据具体情况确定。

8. 波峰焊温度曲线优化

对于有铅波峰焊来说，Sn-37%Pb 钎料的熔点为 183℃，焊接峰值温度为 250℃，工艺窗口为 67℃。对于无铅波峰焊来说，Sn-4%Ag-0.5%Cu 无铅钎料的熔点为 215 ～ 220℃，焊接峰值温度为 250℃，工艺窗口为 30℃。元器件引线和 PCB 焊盘处的实际温度必须达到 230℃以上，才能使具有良好的润湿性，实现有效地焊接，这样其有效的工艺窗口仅为 20℃。小型元器件经过预热区，再经过焊接峰值温度，很容易就可达到 230℃。但大型元器件的温度这时远远未达到，这就需要延长预热时间，以便降低元器件之间的温差，使大型元器件经过焊接峰值温度时，其焊点的温度也能达到 230℃，所以，无铅波峰焊机的预热区要比普通波峰焊机长得多。

图 3-42 是无铅波峰焊温度曲线，除了需要有足够的预热时间、预热温度和焊接时间外，焊接时波峰的峰值温度与预热温度之差要小于 150℃（$T_3 - T_1 < 150℃$）。

特别要注意以下温度点：

1）从预热段到焊接前的温度跌落最大小于 5℃（$dt_1 < 5℃$）。

2）两个波峰之间的温度跌落最大小于 50℃（$dt_2 < 50℃$，高可靠性产品 $dt_2 < 30℃$）。

3）两个波峰时间之和一般为 4s，不得小于 3s（$t_2 + t_3 > 3s$）。

另外，图 3-42 中 T_2 表示两波峰之间最大的跌落温度，T_4 表示进入冷却区的温度，t_1 表示预热时间，t_4 表示从焊接区进入冷却区需要的时间。

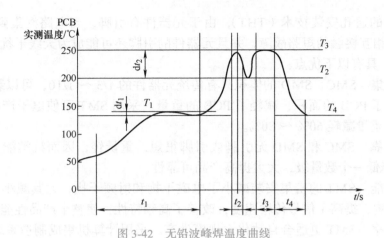

图 3-42　无铅波峰焊温度曲线

（四）无铅再流焊

向无铅技术转变时，波峰焊首先向无铅 PCB 和元器件转变，而后向无铅钎料转变（会使润湿角上升），而再流焊则无此必要。以 Sn-Ag-Cu 无铅钎料为例，再流焊温度曲线的设定如下。

1）预热段：PCB 的温度从室温升到 150℃，升温速率为 2～4℃/s，快速升温容易引起钎料塌角的崩沸。

2）保温段：即预热部分，此时基板上温差 ΔT 最小。温度一般从 150℃ 上升到 180℃，需两到三段（60～90s），该段担负着激发焊剂活性、去除氧化膜的任务。为保证加热均匀，不致在高温区过热，应采用三段（大约为 90s）。

3）再流焊段：温度变化为 180℃～235℃～217℃，应设两段（60s），峰值区时间大约为 20s，再流焊段的最低温度等于钎料的液相线加上 10℃，再流焊段的最高温度等于再流焊段的最低温度加上基板上的温差 ΔT，为保证在峰值温度前后元器件受热均匀，避免局部过热，必须设置两段（60s），这样可以把峰值温度作为平台形成温度曲线。

4）冷却段：按 1.5～20℃/s 的速率降温，应设两段（60s），工作段数增加，速率相对放慢，所以元器件等受热时间延长，增加了氧化作用的影响，这是必须解决的另一个问题，最有效的方法是在保温段、再流焊段等温度较高的工作区段充氮气强制循环，降低氧气的浓度，以减轻氧化作用的产生，一般将氧气的浓度控制在 500×10^{-6} 以下。

冷却问题：焊好的组件离开再流焊段后，将进行急速冷却，冷却段的温度不高于 150℃，要通过风扇使空气强制对流冷却。

第七节　表面安装技术

表面安装技术（SMT）是一门包括电子元器件、装配设备、焊接方法和装配辅助材料等内容的系统性综合技术，是突破了传统 PCB 通孔基板插装元器件方式，并在此基础上发展起来的当前最热门的电子组装技术。

表面安装技术

　　目前使用的通孔安装技术（THT），由于元器件有引脚，当电路密集到一定程度时，会产生引脚间相互接触的短路故障，并且元器件的引脚还可能成为天线干扰其他电路。因此，采用 SMT 具有以下优点：

　　（1）高密集　SMC、SMD 的体积只有传统元器件的 1/3 ～ 1/10，可以装在 PCB 的两面，有效利用了 PCB 的面积，减轻了 PCB 的重量。采用 SMT 可使电子产品的体积缩小40% ～ 60%，重量减轻 60% ～ 80%。

　　（2）高可靠　SMC 和 SMD 无引脚或引脚很短，重量轻，因而抗震能力强，失效率比 THT 至少降低一个数量级，大大提高产品可靠性。

　　（3）高性能　SMT 的密集安装减小了电磁干扰和射频干扰，尤其减小了高频电路中分布参数的影响，提高了信号传输速度，改善了高频特性，使整个产品性能提高。

　　（4）高效率　SMT 更适合自动化大规模生产。采用计算机集成制造系统（CIMS）可使整个生产过程高度自动化，将生产效率提高到新的水平。

　　（5）低成本　采用 SMT 使 PCB 面积减小，成本降低；无引脚和短引脚使 SMC、SMD 成本降低；安装中省去引脚成型、打弯和剪线等工序；频率特性提高，减小调试费用；焊点可靠性提高，减小调试和维修成本。采用 SMT 可使总成本下降 30% 以上。

一、SMT 的安装方式

　　由于电子产品的多样性和复杂性及包括经济因素在内的种种原因，目前和未来的一段时期内，SMT 还不能完全取代 THT，在实际生产中主要存在以下三种装配方式。

　　（1）全部采用 SMT　PCB 上没有通孔插装元器件（THC），各种 SMC 和 SMD 均被贴装在 PCB 的一面或两面，如图 3-43a 所示。

　　（2）混合装配　在 PCB 的 A 面（也称元器件面）上既有 THC，又有各种 SMC 和SMD；在 PCB 的 B 面（也称焊接面）上，只装配体积较小的 SMC 和 SMD，如图 3-43b所示。

　　（3）两面分别装配　在 PCB 的 A 面上只装配 THC，而 SMC 和 SMD 贴装在 PCB 的B 面，如图 3-43c 所示。

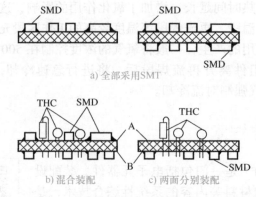

图 3-43　三种 SMT 装配方式

　　第一种装配方式充分体现出 SMT 的技术优势，这种 PCB 的体积最小，价格最低，但后两种混合装配的 PCB 也会长期存在，因为某些元器件至今不能采用 SMT 方式。从 PCB 的装配焊接工艺来看，第三种装配方式除了要使用黏合剂把 SMC 和 SMD 粘贴在 PCB 上外，其余元器件和 THT 方式区别不大，可以利用现已普及的波峰焊设备，而前两种装配方式需要采用再流焊设备。

二、SMT 的工艺流程

SMT 的基本工艺主要取决于所采用的焊接方式。

（一）SMT 波峰焊工艺流程

PCB 采用波峰焊的工艺流程如图 3-44 所示。

图 3-44　SMT 波峰焊工艺流程

（1）安装 PCB　将制作好的 PCB 固定在带有真空吸盘、板面有 XY 坐标的台面上。

（2）点胶　采用手动、半自动或全自动点胶机，将黏合剂点在表面安装印制电路板（SMB）上元器件的中心位置，要避免黏合剂污染元器件的焊盘。

（3）贴装 SMC 和 SMD　采用手动、半自动或全自动贴片机，把 SMC、SMD 贴装到 SMB 规定的位置上，使它们的电极准确定位于各自的焊盘。

（4）烘干固化　用加热或红外线照射的方法，使黏合剂固化，把 SMC 和 SMD 比较牢固地固定在印制电路板上。

（5）波峰焊　用波峰焊机焊接。在焊接过程中，由于 SMC 和 SMD 浸没在熔融的锡液中，所以应具有良好的耐热性能，并且黏合剂的熔化温度要高于焊锡的熔点。

（6）清洗　用超声波清洗机去除 SMB 表面残留的焊剂，防止焊剂腐蚀 SMB。

（7）检测　用专用检测设备对焊接质量进行检测。

SMT 波峰焊的示意图如图 3-45 所示。

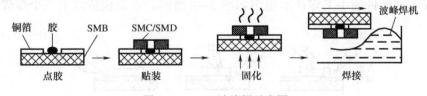

图 3-45　SMT 波峰焊示意图

（二）SMT 再流焊工艺流程

PCB 采用再流焊的工艺流程如图 3-46 所示。

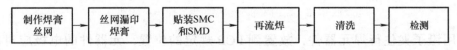

图 3-46　SMT 再流焊工艺流程

（1）制作焊膏丝网　按照 SMC 和 SMD 在 PCB 上的位置及焊盘的形状，制作用于漏印焊膏的丝网。目前多数采用不锈钢模板取代丝网，提高了精确度和使用寿命。

（2）丝网漏印焊膏　把焊膏丝网（或不锈钢模板）覆盖在 PCB 上，漏印焊膏。要精确保证焊膏均匀地漏印在元器件的电极焊盘上。

（3）贴装 SMC 和 SMD　采用手动、半自动或全自动贴片机，把 SMC、SMD 贴装到 SMB 规定的位置上，使它们的电极准确定位于各自的焊盘。

（4）再流焊　用再流焊设备进行焊接，在焊接过程中，焊膏熔化再次流动，充分浸润元器件和 PCB 的焊盘，焊锡溶液的表面引力使相邻焊盘之间的焊锡分离而不至于短路。

（5）清洗　用超声波清洗机去除 SMB 表面残留的焊剂，防止焊剂腐蚀 SMB。

（6）检测　用专用检测设备对焊接质量进行检测。

SMT 再流焊的示意图如图 3-47 所示。

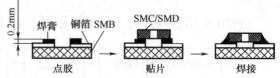

图 3-47　SMT 再流焊的示意图

三、表面安装元器件的手工焊接与拆焊方法

前面所述为专业工厂的生产方法，对于业余爱好者和维修人员来讲，一般只采用电烙铁手工操作，故要求操作者应具有熟练使用电烙铁的能力。在无专业设备的情况下，手工焊接对产品的开发试制和维修，都有着重要意义。

（一）表面安装元器件的手工焊接

表面安装元器件的焊接与插装元器件的焊接不同，后者是通过引线插入通孔，焊接时元器件不会移位，且元器件与焊盘分别在 PCB 的两侧，焊接比较容易。表面安装元器件在焊接过程中容易移位，焊盘与元器件在 PCB 的同一侧，焊接端子形状不一，焊盘细小，焊接技术要求高，因此焊接时必须细心谨慎，提高精度。

1. 一般表面安装元器件的手工焊接

表面安装元器件的手工焊接示意图如图 3-48 所示，主要包括以下三个步骤。

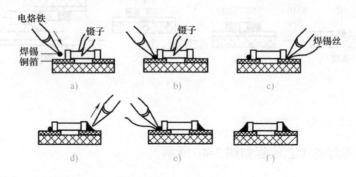

图 3-48　表面安装元器件的手工焊接示意图

1）用镊子夹住待焊元器件，放置到 PCB 规定的位置，元器件的电极应对准焊盘，

此时镊子不要离开。

2）另一只手拿电烙铁，并在烙铁头上沾一些焊锡，对元器件的一端进行焊接，其目的在于将元器件固定。元器件固定后，镊子可以离开。

3）按照分立元器件点锡焊的焊接方法，焊接元器件的另一端。焊好后，再回到先前焊接的一端进行补焊。焊接完成后，标准焊点如图 3-48f 所示。

焊接时，电烙铁的功率为 25W 左右，最高不超过 40W，且功率和温度最好是可调控的；烙铁头要尖，以带有抗氧化层的长寿烙铁头为最佳。焊接时间（电烙铁、焊锡和元器件电极的接触时间）控制在 3s 内，所用焊锡丝直径为 0.6 ～ 0.8mm，最大不超过 1.0mm。

2. SOP 集成电路的手工焊接

SOP（小外形封装）集成电路可采用电烙铁拉焊的方法进行焊接。拉焊时应选用宽度为 2.0 ～ 2.5mm 的扁平式烙铁头和直径为 1.0mm 的焊锡丝，其步骤如下：

1）检查焊盘，焊盘表面要清洁，如有污物可用无水乙醇擦除。

2）检查集成电路引脚，若有变形，用镊子仔细调整。

3）将集成电路放在焊接位置上，此时应注意集成电路的方向，且各引脚应与其焊盘对齐，然后用点锡焊的方法先焊接其中的一两个引脚将其固定。当所有引脚与焊盘位置无偏差时，方可进行拉焊。

4）一手持电烙铁由左至右对引脚焊接，另一只手持焊锡丝不断加锡，最后将引脚全部焊好。手工拉焊示意图如图 3-49 所示。

拉焊时，烙铁头不可触及器件引脚根部，否则易造成短路，并且烙铁头对器件的压力不可过大，应处于"漂浮"在引脚上的状态，利用焊锡张力，引导熔融的焊珠由左向右徐徐移动。拉焊过程中，电烙铁只能往一个方向移动，切勿往返，并且焊锡丝要紧跟电烙铁，切忌只用烙铁不加锡丝，否则容易造成引脚大面积短路。若发生短路，可从短路处开始继续拉焊，也可用电烙铁将短路点上的多余锡引渡下来，或用尖头镊子从熔融的焊点中间划开。

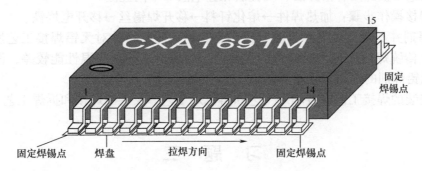

图 3-49　手工拉焊示意图

（二）表面安装元器件的手工拆除

对于表面安装电阻、电容、二极管和晶体管等元器件，由于其引脚较少，可采用电烙铁、吸锡线与镊子配合拆除，方法是：首先将吸锡线放在元器件一端的焊锡上，用电烙铁加热吸锡线，吸锡线自动将焊锡吸走；然后再用电烙铁加热元器件的另一端，同时用镊子夹着元器件并向上提，即可将元器件拆卸下来，最后用吸锡线清理焊盘，如图3-50所示。

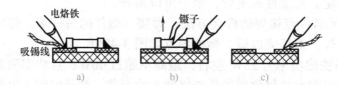

图3-50　表面安装元器件手工拆除示意图

对于引脚较多的SOP集成电路，拆卸起来相对费时要多些。首先在集成电路的一边引脚上加足够多的焊锡，使之形成锡柱；然后用同样的方法在另一边引脚上也形成锡柱；再用电烙铁在锡柱上加热，待锡柱变成液态状时，即可用镊子将集成电路取下；最后用吸锡线清理焊盘。有条件的情况下，可采用热风枪加热后直接拆除。

本章小结

焊接通常分为熔焊、钎焊和接触焊三大类。钎焊按钎料熔点的不同分为硬钎焊和软钎焊，锡焊属于软钎焊。锡焊具有熔点低、适用范围广、容易形成焊点和操作简便等特点，在电子产品的焊接中占有主要地位。

焊接的机理为钎料在金属表面的润湿、钎料的扩散和生成牢固的合金层三个阶段。因为铅对人体的危害和对环境的破坏，世界各国开始重视无铅钎料的使用。当今主要使用的有Sn-Ag系、Sn-Cu系、Sn-Zn系和Sn-Bi系无铅钎料。

焊接常用的工具有内热式电烙铁、外热式电烙铁、恒温式电烙铁、吸锡烙铁和热风枪等。使用电烙铁焊接有正握法、反握法和握笔法等不同握法。

手工焊接操作步骤：加热焊件→熔化钎料→移开焊锡丝→移开电烙铁。

无铅焊剂并不是指焊剂本身没有铅或不含铅，而是指针对无铅焊接工艺所设计与研发的焊剂。传统焊剂用于无铅钎料的焊接时，表现出来的耐高温性能较差，润湿性能不够，所以无铅焊剂的选用非常重要。

表面安装的焊接工艺有波峰焊工艺和再流焊工艺，及手工焊接和拆焊工艺。

习　题　三

1. 什么叫焊接？锡焊有哪些特点？
2. 简述焊接的机理。
3. 电烙铁有几种握法？
4. 优良焊点的形成应具备哪些条件？
5. 什么叫无铅钎料，它具备哪些优点？

6. 焊剂在焊接过程中如何起作用？电子装配中对焊剂有什么要求？

7. 简述手工焊接的步骤和焊接形式的分类。

8. 简述焊接缺陷和原因。

9. 什么叫无铅焊剂？使用它替代传统焊剂的原因是什么？

10. 与传统波峰焊机相比，无铅波峰焊机在结构和性能上有哪些改进？

11. 与普通再流焊机相比，无铅再流焊机有哪些改进？

12. SMT 有哪些特点？

13. 什么是 SMT？它有哪两大类工艺？简述它们的内容。

第四章 电子产品的防护与电磁兼容

电子产品工作于各种复杂的环境中，为了确保其工作可靠，在进行电子产品设计时，必须采取各种防护措施，以增强电子产品适应各种工作环境的能力。

本章讲解了电子产品的防潮湿、防盐雾、防霉菌、防尘、防腐、散热、防振、电磁兼容和静电防护等防护措施，培养学生规范操作、一丝不苟的职业精神。

第一节　电子产品的防护与防腐

电子产品的防护与防腐设计是针对电子产品的使用环境
而采取的防护措施。

电子产品的防
护与防腐

一、防潮湿、防盐雾和防霉菌设计

潮湿空气进入电子产品，会在元器件和部件表面形成一层水膜，当水分子渗入绝缘材料内部时，会造成其不同程度的溶胀、变形、强度降低及机械性破损，从而使其绝缘强度下降，或发生漏电、短路以致完全失效。大气中存在的盐雾（即带盐分的湿气）对金属及金属镀层有很强的腐蚀作用，即使是不锈钢，暴露在有盐雾的大气中也会很快发生锈蚀。另外，盐雾会在电子产品的零部件和元器件表面上蒸发析出盐粒，使绝缘强度下降，造成漏电、短路等故障。还有，在一定温度下，潮湿的环境有利于霉菌的生长和繁殖，导致非金属材料的强度下降，甚至霉烂。因此对于在潮湿环境中使用的电子产品，尤其是在船舶上使用的电子产品，必须采取适当的措施，进行防潮湿、防盐雾和防霉菌设计。

1. 防潮湿设计

（1）合理选材　选用耐腐蚀、耐湿且化学稳定性好的元器件和材料。

（2）表面处理

1）表面涂覆：具体可采用电镀、表面涂漆等。

2）浸渍或蘸渍：将待处理的元器件和材料浸入不吸湿的绝缘漆中，经过一段时间后，绝缘漆进入元器件和材料的空隙、小孔中，并在表面形成保护膜。

（3）憎水处理　用硅有机化合物蒸汽处理元器件、零部件等，使其表面形成憎水性的聚硅烷膜。

（4）灌封　用热熔状态的树脂、橡胶等浇注元器件本身、元器件与外壳间的空间或引线孔，冷却后自行固化封闭，例如变压器的灌封、元器件的硅凝胶无壳灌封等。

（5）密封 将元器件和零部件等安装在不透气的密封盒中，内放干燥剂或充干燥空气，还可在密封结构中安放加热装置使构件温度接近周围空气温度，或控制凝露点等。但此做法造价较高，工艺复杂，因此设计时密封面积应尽可能小。

（6）其他措施 定期通电加热驱除潮气，用吸潮剂吸除潮气等。

2. 防盐雾设计

（1）电镀和表面涂漆 这里要强调的是，因盐雾比潮气的危害更大，因此对防盐雾的镀层要求更高，镀层的电镀工艺要求更严格，并且要选择适当的镀层种类和镀层厚度。

（2）合理选择使用场所 因为盐雾的影响主要在离海岸约400m、高度约150m的范围内，所以海岸设备可置于远离海岸1km以上，以减少盐雾的影响。若把电子设备放置在室内、船舱内或装备车内使用，便可基本消除盐雾的影响。

3. 防霉菌设计

（1）合理选材 尽量选用抗霉材料，例如用玻璃纤维、石棉、云母和石英等为填料的塑料和层压材料，绝缘漆选用环氧树脂漆等。

（2）密封防霉 将产品严格密封，并加入干燥剂，可很好地防霉。

（3）控制环境条件防霉 如降低温度、降低湿度和良好通风。

（4）防霉处理 当不得不使用耐霉性差的材料时，必须用防霉剂对这些材料进行防霉处理，以抑制霉菌生长。

（5）定期杀霉菌 利用足够强的紫外线照射易霉变的元器件等，消灭霉菌。

二、防尘设计

人类对自然环境的破坏，使得大气污染日趋严重，尤其是我国北方地区的沙尘暴，对电子产品产生了很大的影响。大气中的尘埃、微粒表面粗糙，吸湿性很强，当它们降落在金属表面时，由于其吸湿性，很快就成为水珠的凝聚核心，加速了对金属的腐蚀。又由于尘埃中含有大量的水溶性盐，在湿度增大的情况下，水溶性盐的导电性很好，轻则使电子产品噪声增大，重则引起电子产品内部短路、拉弧，甚至烧坏元器件，造成重大事故。因此，防尘设计非常重要。

防尘措施：

1）把电子产品的机柜设计成密闭式，但此种方法影响散热。

2）把电子产品的各进出口设计成带有滤尘网的装置，既能防止灰尘进入电子产品中，又不影响散热。滤尘网应经常擦洗，以防止沉积灰尘太多。

3）电子产品所在的房间要经常清扫，必要时可增设吸尘装置。

三、防腐设计

防腐设计是对金属部件和金属机壳采取的防止锈蚀的方法。

1. 发黑或发蓝

在黑色金属上用化学方法形成一层黑色或蓝色的氧化膜称为发黑或发蓝。这层氧化膜具有一定的抗蚀能力。

2. 电镀

采用电镀的方法在需要保护的零部件表面涂覆一层耐腐性金属。常用的镀层材料有锌、铬、镉、镍、锡铅合金和铜等。为了提高镀层的防腐能力，对某些镀层可进行钝化处理。所谓钝化就是在电镀后的零部件表面生成薄层钝化膜。适合进行钝化处理的镀层有锌、镉和铜等镀层。

3. 油漆涂覆

油漆不仅能起装饰作用，更重要的是它能对金属基体进行防腐保护，因为漆膜能将基体与外界的空气、水分及其他腐蚀性的物质如酸、碱、盐和二氧化硫等隔离，以防止化学和电化学腐蚀。另外，漆膜还有机械防护的作用。

第二节　电子产品的散热

电子产品中的绝大多数元器件的性能与温度有很密切的关系，实践证明，电子元器件的故障率随元器件的温度升高呈指数增加。当电子设备工作时，各元器件的温度会升高，若不能给它们及时散热，则将使电路的性能急剧下降，甚至烧毁。例如温度升高将导致半导体器件的击穿电压下降、电流放大倍数和反向漏电流迅速增加，元器件因内部温度进一步升高而损坏；温度升高导致电阻器的使用功率下降，电容器的使用寿命缩短，以及变压器绝缘材料的性能下降。因此，为了保证电子产品可靠、稳定地工作，在设计电子产品时，采取合理的散热措施即热设计非常必要。

热设计是指根据热力学的基本原理（热传递的三种方式：对流、传导和辐射）以及不同产品的特点，采用各种散热手段，控制温升，达到使产品稳定运行的目的。

一、自然散热

自然散热经济可靠，是绝大多数电子产品采用的基本散热方式。

1. 通风孔

在机箱、机柜的各表面开凿通风孔，以提高电子产品自然对流散热效果。设计时应合理地设置通风孔的尺寸和位置，应根据烟囱效应，使进风孔尽量低、出风孔尽量高。

2. 散热片

对于半导体功率器件，由于它们在运行中会产生大量的热，所以必须给它们加散热片，以增加其散热面积，使器件温度限制在额定范围以内。

3. 散热表面发黑处理

辐射是热传递的方式之一，提高散热表面的辐射系数，可大大增强散热效果。实践表明，辐射系数与散热表面的黑度有密切关系，因此一般机箱和散热片都应做发黑处理。

二、强迫散热

在电子产品中，除自然散热外，还广泛地采用强迫散热。强迫散热即通过均匀送风或冷板技术，有效地将热量排出机外。强迫散热常用的方式有强迫风冷、强迫水冷和蒸发冷却。

1. 强迫风冷

这是一种有效的散热方式，在发热元器件多、温升大的大型设备中常被采用。通过吹风机或抽风机，加速机箱内的空气流动，达到散热目的，例如微机中装有微型电风扇。但风冷产生的噪声越来越令人厌烦。

2. 强迫水冷

强迫风冷的冷却工质是空气，而强迫水冷的冷却工质是液体，液体的热导率比空气大得多，因此利用液体作冷却剂是一种更有效的散热方法。目前，大功率发射管、大功率晶闸管等器件常使用液体冷却，噪声值低于 30dB 的水冷式散热现已广泛应用于各种电子产品中。但水冷系统较复杂，投资较高，维修也较困难。

3. 蒸发冷却

蒸发冷却利用液体在汽化时能吸收大量热能的原理来冷却发热的电子元器件，其散热效率优于风冷、水冷。目前大功率发射机中的发射管和发热部件均采用蒸发冷却，但蒸发冷却系统更复杂，价格更高，维修也更困难。

三、其他散热方法

除以上介绍的方法外，还有半导体制冷和热管散热等散热方法。

电子产品的散热只是热设计的一个重要方面，除此之外，对于那些对环境温度要求很严格的元器件如石英振荡器、热敏电阻等，还必须同时采取热屏蔽和防热措施，以保证电子元器件稳定工作。

四、热设计中的元器件布局和安装

1）由于工作温度受设备的位置和设备内元器件布局的影响，所以为达到最优的热设计，元器件的布局应遵循下列原则：

① 在强迫风冷单元内，设法沿着散热壁均匀地布置耗能元器件。

② 各耗能元器件间应尽可能具有大的间隔。

③ 热敏元器件不要紧挨发热元器件。

④ 采用自然对流冷却的设备时，不要把元器件布置在大功耗元器件上方。

⑤ 热敏元器件应处于最冷区。例如，利用强迫对流的设备，热敏元器件应置于冷却剂入口端；利用自然对流冷却的设备，热敏元器件应置于底部；利用散热壁冷却的电路插件板，热敏元器件应置于插件板的边缘。

2）在元器件安装中，热设计的目标是使壳体和散热器之间的热阻最小，因此元器件的安装应遵循下列原则：

① 应把元器件直接装在散热板上。

② 应尽量减小元器件固定到模块或散热板上时所用黏合剂的厚度。

③ 使所有传导通道面积和元器件与散热板间的接触面积最大，且接触表面平坦而光滑。

④ 使用具有高传导率的材料以便使传导热阻最小。例如，使用铜和铝等金属作为热传导通道和安装架。对于含有多层板的径流模块来讲，使用镀铜孔来减小通过多层板的传导热阻，这些镀铜孔称为热通道。

⑤ 功耗大于 2W 的电路插件板要求有一块铜的接地平面，而功耗为 5 ～ 10W 的电路插件板要求有散热器。

第三节　电子产品的防振

电子产品的
防振

机械振动与冲击对电子产品危害严重，然而振动与冲击又是不可避免的，例如发动机和其他振动源所产生的振动，产品在运输过程中的颠簸振动，以及跌落、碰撞或爆炸产生的冲击等。

电子产品受到振动与冲击，可能造成产品内部零部件松动、脱落，甚至损坏。因此，电子产品在设计时应考虑采用以下减振和缓冲措施。

1）机柜、机箱结构合理、坚固，具有足够的机械强度；在结构设计中应尽量避免采用悬臂式、抽屉式的结构。若必须采用这些结构，则应拆成零部件进行运输或在运输中采用固定装置。

2）机内零部件合理布局，尽量降低整机的重心。

3）对于大体积或超重（大于 10g）的元器件，应先将其直接装配在箱体上或另加紧固装置后再与 PCB 进行焊接。

4）任何插接器都要采取紧固措施，插入后锁紧。靠螺钉紧固的元器件如电位器等，应加防松垫圈并拧紧。由于 PCB 插座无紧固装置，因此插入后必须另加压板等紧固装置。

5）灵敏度高的表头如微安表、晶体管毫伏表等，应该在装箱运输前将两输入端短接，当振动时可以对表针起到阻尼作用，使表头得到保护。

6）整机应安装橡胶垫角。机内易碎、易损件要加减振垫，避免刚性连接。

7）产品的出厂包装应采用足够的减振材料，不准使产品外壳与包装箱直接接触。

第四节　电子产品的电磁兼容性

电子产品的电
磁兼容性 –1

电子产品的电
磁兼容性 –2

电子产品工作时往往会产生一些有用或无用的电磁能量，这些能量会影响其他电子产品的工作，这就是电磁干扰。严格地说，只要把两个以上的电子元器件置于同一环境中，它们工作时就会产生电磁干扰。而电磁干扰可能使电子产品的工作性能变差，严重时还可能使电子产品失灵，甚至摧毁电子产品。

电磁兼容设计的目的是使所设计的电子产品在预期的电磁环境中实现电磁兼容，其要求是使电子产品具有以下两方面的能力：

1）能在预期的电磁环境中正常工作，且性能无降低或故障。

2）对所处电磁环境来说不是一个污染源。

由此得出电磁兼容性的定义为：在给定的电磁环境中，各电子产品内部的元器件能共同正常工作的能力。

电磁兼容性设计中常采取的措施有屏蔽、接地、滤波和隔离等方法。

一、屏蔽

用导电或导磁材料制成一定的形状（壳、罩和板等），将电磁能量限制在一定的空间范围内，即将关键电路或元器件用一个屏蔽体包围起来，切断其电磁能量的传播途径，以防止这些关键电路或元器件被外界干扰或作为干扰源影响其他电路工作。

屏蔽可分为电屏蔽、磁屏蔽和电磁屏蔽。

（1）电屏蔽　即对静电场或电场的屏蔽。当干扰源具有高电压、小电流特性时，其辐射场主要表现为电场（寄生电容）。采用具有高电导率的金属外壳或金属板，并将其良好接地，可达到良好的电屏蔽效果。例如室内高压设备罩上接地的金属罩或较密的金属网罩，电子管用金属管壳，又例如，用作全波整流或桥式整流的电源变压器，在一次绕组和二次绕组之间包上金属薄片或绕上一层漆包线并使之接地，达到屏蔽作用；在高压带电作业中，工人穿的用金属丝或导电纤维织成的均压服，可以对人体起屏蔽保护作用。

（2）磁屏蔽　即对恒磁场或低频磁场的屏蔽。当干扰源具有低电压、大电流特性时，其辐射场主要表现为磁场。采用铁、硅钢片和坡莫合金等高磁导率材料，并适当增加屏蔽体厚度，一般可达到良好的磁屏蔽。若磁场很强，则需采用双层屏蔽。

屏蔽体不用接地，但在垂直于磁力线的方向上，不应出现缝隙，否则屏蔽效果会变差。

磁屏蔽在电子产品中有着广泛的应用。例如变压器或其他线圈产生的漏磁通会对电子的运动产生作用，影响示波管或显像管中电子束的聚焦，为此必须对产生漏磁通的零部件进行磁屏蔽，多媒体计算机采用内磁式（全防磁式）扬声器就是这个道理。手表中，在机芯外罩以软铁薄壳就可以起到防磁作用。

（3）电磁屏蔽　即对电磁场的屏蔽。用于防止或抑制高频电磁场的干扰，也就是对辐射电磁场的屏蔽。采用完全封闭且导电性能良好的金属壳，并良好接地，电磁屏蔽效果就很好。例如，在收音机中，用空心铝壳罩在线圈外面，使它不受外界电磁场的干扰从而避免产生杂音，音频馈线用屏蔽线也是这个道理；示波管用铁皮包着，是为了使杂散电磁场，避免影响电子射线的扫描；便携式计算机电源线、数据线上的磁环也是用来作电磁屏蔽的。在金属屏蔽壳内部的元器件或设备所产生的高频电磁波不能透出金属壳，所以不致影响外部设备。

对电子产品电路的屏蔽具体分两步。

第一步是划分屏蔽单元。

一个电子产品中包含较多不同功能的电路，这些电路之间很容易产生调制干扰、电源噪声等各种干扰，即使在完成同一功能的电路如同频的多级放大器中，往往也需在级与级之间加以屏蔽，否则容易产生自激。那么在进行结构设计时应如何划分屏蔽单元呢？下面给出一般原则：

1）电子产品中具有不同频率的电路，如振荡器、混频器、放大器和滤波器等，都应分别加以屏蔽。如果几个不同频率的放大器要安装在一起，为防止相互干扰，也应分别屏蔽。

2）多级放大器增益较大时，应进行级间屏蔽。

3）若低电平级靠近高电平级，则需要屏蔽。若干扰电平与低电平可以比拟，则更应严格屏蔽。

第二步是确定屏蔽物结构。

1）屏蔽格结构。对一个部件内电路之间进行屏蔽，可采用屏蔽格结构，即用金属板将底板隔成若干个空间，每个空间为一个屏蔽格。将彼此需要屏蔽的电路，分别安装在不同的屏蔽格中，然后用一块大金属板将所有的屏蔽格盖住，或每个屏蔽格单独用一块小金属板盖住，这样就完成了电路间的屏蔽。

用这种方法必须保证中间隔板与屏蔽格的盖板、底板、侧板都接触良好，否则会使被屏蔽的电路之间产生寄生耦合。

2）单独屏蔽结构。对屏蔽要求较高或频率很高的电路，应采用单独屏蔽结构，即把需要屏蔽的电路单独用一个屏蔽盒进行屏蔽。这种结构不会因接触不良而产生寄生耦合，屏蔽效果好，也便于电路调整。

3）双层电磁屏蔽结构。如果对屏蔽要求很高，例如在防止接收机本振信号因泄漏而被暴露，或被屏蔽的电路灵敏度很高，或外界电磁场很强等情况下，采用单层屏蔽衰减不够，仍会有一小部分微弱信号泄漏到屏蔽盒外面或外界电磁场进入屏蔽盒里面时，必须采用双层电磁屏蔽结构，即在一个屏蔽盒外面再正确地加上一个屏蔽盒。

所谓"正确"，有以下几种含义：通过内外屏蔽盒的引线，在穿过金属板时需要加穿心电容，在内外屏蔽盒之间仍需要加滤波电路；内外屏蔽盒间只能是一点连接，且为了减小引线电感，此连接导体应用金属棒；内外屏蔽盒的间距以 3 ～ 5mm 为宜，为防止内外屏蔽盒因变形造成短路，应在内外屏蔽盒间填充绝缘材料；双层屏蔽盒的盖板用彼此绝缘的双层金属制成，且内外盖板应分别装有梳形弹簧接触片，分别与内外屏蔽盒可靠地接触。

4）用敷铜板制成的屏蔽结构。把裁好的敷铜板用锡焊固定形成屏蔽盒框架，然后再将框架用焊锡固定在 PCB 的接地铜箔上。

注意：用敷铜板制成的屏蔽盒，对 500kHz 以下的频段屏蔽效果不佳，但对高频频段屏蔽效果良好。

二、接地

设计良好的地线网既能提高抗干扰能力，又能减小电磁发射，是减小电磁干扰最有效、最经济的办法。

在电子产品中至少有三种分开的地线：一是产品的机壳、屏蔽物的地线，称为安全地线或屏蔽地线；二是继电器、驱动电动机和高电平电路的地线，称为噪声地线；三是低电平电路的地线，称为信号地线。

1. 安全地线

安全地线的设计要求是接触良好，且不宜过长，以就近接地为好。安全地线应与交流电源的保护地线相连。

2. 噪声地线

对于噪声地线，由于电源电压较高，设计时有足够的截面积即可。

3. 信号地线

信号地线的设计稍复杂些。

1）低频信号地线应采用单点接地方式。单点接地为许多电路提供了共同参考点。这个参考点可以是一个点（即并联接地，见图 2-16），也可以是一条地线（即串联接地，见图 2-15）。比较理想的单点接地方式是将具有类似特性的电路串联接地，然后再将每一个公共点并联连接到单点地上。

2）高频信号地线应采用多点就近接地。多点就近接地采用地线网，即地线用导电条、导电带组成网格（也可用一整块导电性能好的金属板），各电路单元分别以最短的地线就近接地，以减小地阻干扰和各种寄生耦合。

3）宽带信号线接地应采用混合接地。混合接地既包含单点接地的特性，也包含多点接地的特性，即使地线在不同频率时呈现不同的特性。具体做法是在接地系统中使用电抗性元件。例如，在较长地线的中间部分，隔一段距离与机壳间并联一只电容器，利用电容器对不同频率信号的阻抗不同来实现对低频信号单点的接地和对高频信号的多点接地。

电容器容量的选择，应避免出现寄生谐振现象，因为这种谐振会增加干扰。例如，在一条自感为 $0.01\mu H$ 的电缆上，使用容量为 $0.01\mu F$ 的电容器，将在 $16MHz$ 处产生谐振，那么在这个频率上就没有实现高频信号多点接地。

另外，对电子产品来说，电路往往由多级构成，而每一级都需要接地，接地点的选择也是一个重要问题。接地点选择的原则是，应选在低电平电路的输入端，使其最接近参考地。若把接地点选在高电平电路的输出端，则会使输入级的地对参考地的电位差最大，地线最长，当然也最易受到干扰，显然这是不合理的。

三、滤波

事实表明，即使是经过良好设计并且具有正确的屏蔽和接地措施的电子产品，仍有传导干扰。采用滤波技术，可以很好地抑制传导干扰。滤波技术的采用包括恰当地设计、选择和正确使用滤波器。

滤波器是一种对选频特性要求较高的选频网络，它对某一给定频率范围（即频带）内的信号衰减很小，即频带内信号很容易通过，这一频带称为通带。而不在此范围内的信号通过它时，将产生较大的衰减，即对通带以外的信号具有较强的抑制作用，所以通带外的频率叫滤波器的阻带。

根据通带和阻带的范围，滤波器可分为低通滤波器、高通滤波器、带通滤波器和带阻滤波器。

设备的电源馈线、进出设备的控制线和进出屏蔽盒的某些导线应采用低通滤波器，以避免这些导线对外界形成干扰或遭受其他电路的干扰，放大器级与级间的退耦电路也采用低通滤波器。

若需要滤除的频率范围很大，如在直流馈线中滤除一切交流成分，则可将几种不同的电容器并联使用。滤低频要求电容器容量大，但引线电感大，不适合滤高频；滤高频要求电容器容量小，不适合滤低频；将它们并联使用，则能同时滤除低频和高频。当然也可以采用三个电容器（如 10μF、0.1μF 和 100pF）并联，分别滤除工频、音频和射频干扰。

根据滤波器所采用的元件，常用的滤波器有 RC 滤波器和 LC 滤波器两种。

RC 滤波器电路简单、造价低廉，因此得到了广泛的应用。但由于 RC 滤波器电阻的电压降较大，在滤除干扰频率电压的同时，也使有用信号的电压下降，因此 RC 滤波器只用于小电流、高电压的传输信号。对于大电流的电源传输线，为避免电压降损失，应采用 LC 滤波器，但 LC 滤波电路在电源刚接通瞬间有趋肤效应。

因为 LC 滤波器的滤波性能取决于 LC 的相对位置和 LC 的乘积。当要求的衰减系数一定时，若 L 大些，则 C 应小些；若 L 小些，则 C 应大些。由于小电流的电感线圈和低电压的电容器容易制造且价格便宜，因此，对于低电压、大电流的传输线路，滤波器应采用小电感和允许的最大电容；而对于高电压、小电流的传输线路，滤波器应采用小电容和允许的最大电感。

对于干扰电平不高且屏蔽要求也不高的场合（如对穿过屏蔽盒的导线），可采用穿心电容器；而对于干扰电平高或屏蔽要求高的情况，则应采用复杂滤波器。滤波器的安装要注意以下四点：

1）滤波器本身要屏蔽，多阶滤波器的阶与阶之间也要屏蔽，屏蔽盒各接缝处应良好接触，屏蔽盒应良好接地。

2）滤波器的输入线和输出线在高频时应屏蔽，并且要尽量远离。

3）滤波器应尽可能靠近要滤波的电路。

4）滤波器的地线要尽量短，且要可靠。其他元器件的连线也要尽量短。

四、隔离

隔离指把相互干扰的馈线（馈线是指一切载流导线）隔开一定的距离，以削弱或消除它们之间的电磁耦合。

具体做法是：干扰线路与其他线路、敏感线路与其他线路均应避免平行排列。若只能平行排列，则应把干扰线路、敏感线路屏蔽；电源馈线中的交、直流馈线之间、电源馈线与信号馈线之间必须隔离。当他们平行排列时，其隔离间距应大于 50mm。高频导线是强大的干扰源，一般都要屏蔽。

第五节　电子产品的静电防护

电子产品的静电防护

目前，电子产品中广泛使用的电子元器件很多是静电敏感元器件（如 MOS 管等），静电敏感元器件是指这些元器件很容易因遭到静电破坏而失效。提高静电防护意识，掌握静电防护措施是对每一个从事电子产品生产人员的最基本要求。

一、静电的产生及危害

两个相对绝缘的物体相互摩擦，就会产生静电。像塑料、地毯、化纤织物、纸张和海绵等物品之间或人与这些物品之间的相互摩擦，均可产生和存有大量的静电。例如，人在化纤地毯上行走，坐在用泡沫塑料填充的椅子上，从 PCB 上拉下胶带，以及对 PCB 进行塑料薄膜包装等都可以使人体携带几千伏甚至高达万伏以上的静电，然而在不放电的情况下，人体对高达 15kV 的静电毫无感觉。若带电人体去触摸静电敏感元器件，很容易通过静电放电造成元器件损坏，静电敏感元器件和静电放电示意图如图 4-1 所示。

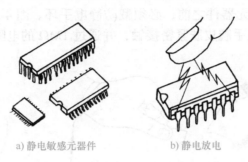

a) 静电敏感元器件　　　b) 静电放电

图 4-1　静电敏感元器件和静电放电示意图

由于一般静电敏感元器件能承受的静电放电电压仅几百伏，最好的也在 3kV 以下，而人体对 2kV 以下的放电毫无感觉，因此静电放电对元器件的损伤是在不知不觉的情况下发生的，这更增加了其危害性。另外，有些静电敏感元器件的绝缘层遭到静电轻微击伤后，在装配的检验工序中并不能被发现，而是等到产品正式投入运行一段时间后，才能发现元器件的某些特性变差甚至完全失效，这种留下隐患的损伤，后果将更加严重。

二、静电防护

每一个从事电子产品生产的人员，如产品的加工、装配、测试、运输、储存、包装、调试、修理和维护等人员，都应接受静电防护知识的普及教育和培训，增强静电防护意识，这样就可以避免无处不在的静电对电子产品的破坏。

1. 静电防护设计

在进行电子产品设计时，应充分考虑以下静电防护问题，以使电子产品本身具有较强的抗静电能力。

1）选择不容易受静电损坏的元器件，即选用静电敏感度较低的同功能元器件。

2）当必须选用静电敏感元器件时，应将其设置在受保护的位置上，并在 PCB 组装件装配图上标注静电防护标记，如图 4-2 所示，以提醒使用者加以防护。

注意！

绝对保护
静电敏感元器件

图 4-2　静电防护标记

3）尽量选用耐静电损坏的材料。

4）在进行结构设计时要考虑布局尽量合理，尽可能使用静电防护技术，如静电屏蔽、开关接地等。

5）在设计 PCB 时，应考虑到静电噪声对电路的影响。

6）静电敏感元器件应放在最后一道工序中进行焊接，焊好的 PCB 组装件的插头部位应立即插上保护短路插座。

2. 生产过程中的静电防护

生产过程中静电防护的指导思想是：在可能产生静电的地方，迅速、可靠地消除静电的积累。在装配和调试工作场所应建立一个完整的静电防护区，静电防护区指避免静电产生和存在的区域。操作人员要遵守以下规则：

1）进入静电防护区，必须穿上防静电工作服和导电鞋。

2）在接触静电敏感元器件之前，必须戴防静电手环。图4-3所示为防静电手环的正确使用方法（手环必须与手腕皮肤紧密接触，并通过1MΩ的电阻接地）和组成。

a) 错误方法　　　　　　　b) 正确方法　　　　　　　c) 手环的组成

图 4-3　防静电手环的正确使用方法和组成

3）在静电防护区内设立的各类工作台、支架、设备和工具（尤其是电烙铁）均应良好接地。

4）在进行装配、调试、检测和拆焊等工作时，都必须在静电防护工作台上进行。无论何时都不要将静电敏感元器件放置在非静电防护工作台上进行操作。当不可避免地在绝缘体上对静电敏感元器件进行焊接或调试时，应使用空气电离器，以便有效中和周围的静电。

5）含有静电敏感元器件的部件、整件，在加信号进行测试或调试时，应先接通电源，后接通信号源；测试或调试结束后，应先切断信号源，后切断电源。严禁在通电的情况下进行焊接、拆装和插拔带有静电敏感元器件的PCB组装件。

6）在静电防护区内，必须使用专用的静电防护材料对静电敏感元器件进行存放、包装和运输。

7）静电敏感元器件或产品不能靠近电视荧光屏或计算机显示器等有强磁场和电场的物品，一般距离要大于20cm。

3. 对电子产品维修人员的要求

现场维护修理工作也是造成静电破坏的一个重要因素。在维修时，维修人员往往不注意做好静电防护工作，由于维修人员身上带有静电，使维修设备中的静电敏感元器件受到损坏。因此，在对含有静电敏感元器件的设备、仪器和产品进行检测、修理、维护和更换模块时，必须采用相应的静电防护措施，例如采用一套图4-4所示的折叠式现场维修包，内有地线、接

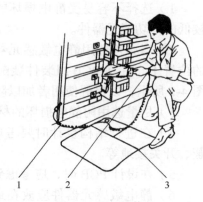

图 4-4　现场维修包

1—地线　2—接地手环　3—折叠式导电地垫

地手环和折叠式导电地垫，并且它很方便携带。在维修时，维修人员还应穿静电防护工作服和导电鞋。

4. 防静电性能的检测周期及注意事项

防静电台垫、地板、工作鞋、工作服和周转容器等应至少每月检测一次。

防静电手环、风枪、风机和仪器等应每天检测一次。

检测时，须考虑检场所的温度、湿度等因素。

本章小结

由于电子产品的使用环境和工作条件很复杂，要使其运行可靠，就必须采取各种防护措施。

本章主要介绍了以下五个方面的问题：

1）通过防潮湿、防盐雾、防霉菌、防尘和防腐设计，提高电子产品抗恶劣环境的能力，保证电子产品在各种恶劣气候条件下可靠工作。

2）通过热设计提高电子产品的散热能力，从而把产品的温升控制在允许的范围之内；根据产品使用环境的特点，保证产品内部各个零部件、元器件和结构件能够承受温度骤变的热冲击。

3）通过减振缓冲设计提高电子产品抗振动和抗冲击的能力。

4）通过电磁兼容性设计，使电子产品在预期的电磁环境中不仅自身能正常工作，而且也不对其他电子设备产生电磁干扰，使各电子产品内部元器件能共同正常工作。

5）通过静电防护设计，提高电子产品的抗静电能力。

习　题　四

1. 电子产品的防护有哪几种？

2. 防潮湿的措施有哪些？

3. 盐雾对电子产品有哪些危害？防盐雾的措施有哪些？

4. 霉菌对电子产品有哪些危害？防霉菌的措施有哪些？

5. 灰尘对电子产品有哪些危害？防尘的措施有哪些？

6. 金属腐蚀对电子产品有哪些危害？防腐设计应包含哪几个方面？

7. 发黑（蓝）、钝化是什么含义？钝化有什么优点？

8. 为什么在设计电子产品时要十分注意热设计？

9. 电子产品的强迫散热方式有哪些？各有什么特点？

10. 电子产品中常用的防振缓冲措施有哪些？

11. PCB 如何防振？

12. 什么是电磁兼容？电磁兼容的目的是什么？

13. 电磁兼容性设计中常采用的措施有哪些?

14. 屏蔽有哪几种? 它们分别用于什么场合?

15. 地线有哪几种? 应如何设计它们?

16. 为什么要进行静电防护?

17. 静电防护设计应考虑哪些问题?

18. 生产过程中应如何进行静电防护?

电子产品的整机装配就是依据设计文件的要求，按照工艺文件的工序安排和具体要求，把元器件、零部件装连、紧固在 PCB、机壳和面板等指定的位置上。整机装配工艺将直接影响电子产品的质量、电气参数和性能指标。工艺是质量的保障，质量是企业的生命，严把装配工艺质量关，促进企业经济效益的提升，使社会效益得到更大的进步。

第一节　整机装配的准备工艺

整机装配的准备工作包括技术资料的准备、相关人员的技术培训、生产组织管理、装配工具和设备的准备及整机装配所需各种材料的预处理。而整机装配的准备工艺，往往是指导线、元器件和零部件的预先加工处理，例如导线端头的加工、屏蔽导线的加工和元器件的检验及成型等处理。

一、导线的加工

1. 下料

按工艺文件中导线加工表的要求，用斜口钳或下线机等工具对所需导线进行剪切。下料时应做到长度准，切口整齐，不损伤导线及绝缘皮（漆）。

导线的加工

2. 剥头

将绝缘导线的两端用剥线钳等工具去掉一段绝缘层而露出芯线的过程称为剥头。剥头长度一般为 10～12mm。剥头时应做到绝缘层剥除整齐，芯线无损伤、断股等。

3. 捻头

对于多股芯线，剥头后用镊子或捻头机把松散的芯线绞合整齐的过程称为捻头。捻头时应做到松紧适度（其螺旋角一般为 30°～40°），不卷曲，不断股。

4. 搪锡

为了提高导线的焊接性，防止虚焊、假焊，要对导线进行搪锡处理。搪锡指把经前三步处理的导线剥头插入锡锅中浸锡。

搪锡注意事项：绝缘导线经过剥头、捻头后应尽快搪锡；搪锡时应把剥头先浸焊剂，再浸锡；浸锡时间以 1～3s 为宜；浸锡后应立刻浸入酒精中散热，以防止绝缘层收缩或破裂；完成搪锡的表面应光滑明亮，无拉尖和毛刺，钎料层薄厚均匀，无残渣和焊剂黏附。

另外，当需要的导线量很少时，也可用电烙铁搪锡。

二、元器件引脚的加工

元器件引脚的
加工

为了便于安装和焊接元器件，在安装前，要根据其安装位置的特点和技术要求，预先把元器件引脚弯曲成一定的形状，并进行搪锡处理。

1. 元器件引脚的成形

应根据焊点间距，将元器件引脚折弯成需要的形状，图 5-1 所示为元器件引脚成形示意图。图 5-1a、b、c 为卧式形状，图 5-1d、e、f 为立式形状。图 5-1a、f 可直接贴到 PCB 上；图 5-1b、d 则要求与 PCB 有 2 ~ 5mm 的距离，用于双面板或发热元器件；图 5-1c、e 引脚较长，多用于焊接时怕热的元器件。图 5-2 所示为晶体管和圆形外壳集成电路的引脚成形要求。图 5-3 所示为扁平封装集成电路的引脚成形要求。

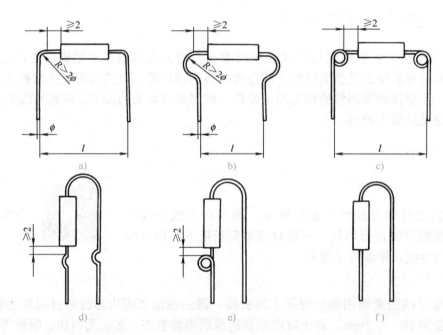

图 5-1　元器件引脚成形示意图

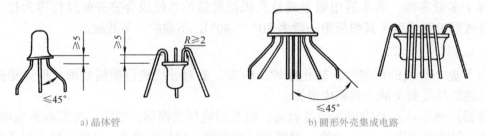

a) 晶体管　　　　　　　　　　b) 圆形外壳集成电路

图 5-2　晶体管和圆形外壳集成电路引脚成形要求

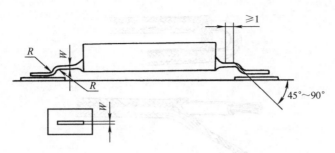

图 5-3 扁平封装集成电路的引脚成形要求

2. 元器件引脚成形的技术要求

1）引脚成形后，元器件本体不应产生破裂，表面封装不应损坏，引脚弯曲部分不允许出现模印裂纹。

2）引脚成形后其标称值应处于查看方便的位置。

3. 元器件引脚的搪锡

因长期暴露于空气中存放的元器件的引脚表面有氧化层，为提高其可焊性，必须做搪锡处理。

在搪锡前可用刮刀或砂纸去除元器件引脚的氧化层。注意不要划伤和折断引脚。但对于扁平封装的集成电路，则不能用刮刀或砂纸，而只能用绘图橡皮轻擦清除氧化层，并应先成形，后搪锡，搪锡过程和注意事项与导线的搪锡类似，此处不再重复。

三、屏蔽导线和电缆的加工

1. 屏蔽导线端头去除屏蔽层的长度

第四章讲述了为了防止电磁干扰而采用屏蔽层的问题。屏蔽层指在导线外再加上金属屏蔽层。在对屏蔽导线端头进行处理时应注意去除的屏蔽层不能太长，否则会影响屏蔽效果。一般去除的长度应根据屏蔽导线的工作电压而定，当工作电压在 600V 以下时，可去除 10 ～ 20mm；当工作电压在 600V 以上时，可去除 20 ～ 30mm。

2. 屏蔽导线屏蔽层接地端的处理

为使屏蔽导线有更好的屏蔽效果，剥离后的屏蔽层应可靠接地。屏蔽层的地线通常有以下几种制作方式。

（1）直接用屏蔽层制作 制作方法如图 5-4 所示，在屏蔽导线端部附近给屏蔽层开一小孔，挑出绝缘线，然后把剥脱的屏蔽导线整形并浸锡。

注意： 浸锡时要用尖嘴钳夹住，否则会向上渗锡，形成很长的硬结。

（2）在屏蔽层上绕制镀银铜线制作 在屏蔽层上绕制镀银铜线制作地线有两种方法：

1）在剥离出的屏蔽层下面缠绸布 2 ～ 3 层，再用直径为 0.5 ～ 0.8mm 的镀银铜线的一端密绕在屏蔽层端头，宽度为 2 ～ 6mm。将镀银铜线与屏蔽层焊牢（应焊一圈），焊接时间不宜过长，以免烫坏绝缘层。最后，将镀银铜线空绕一圈并留出一定的长度用于接地。制作的屏蔽地线如图 5-5a 所示。

a) 屏蔽导线抽头

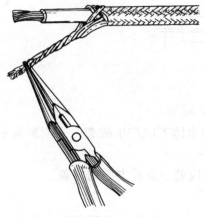

b) 屏蔽导线端部浸锡

图 5-4　用屏蔽层制作地线

2）有时剥脱的屏蔽层长度不够，需加焊地线，即把一段直径为 0.5 ～ 0.8mm 的镀银铜线的一端在已剥脱的并经过整形搪锡处理的屏蔽层上绕 2 ～ 3 圈并焊牢，如图 5-5b 所示。

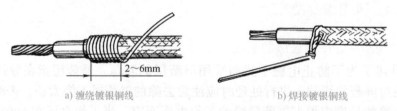

a) 缠绕镀银铜线　2～6mm　　　　b) 焊接镀银铜线

图 5-5　用镀银铜线制作地线

（3）焊接绝缘导线加套管制作　有时并不剥脱屏蔽层，而是剪除一段屏蔽层之后，选取一段适当长度导电良好的导线焊牢在屏蔽层上，再用套管或热塑管套住焊接处，以保护焊点，如图 5-6 所示。

3. 低频电缆与插接器的连接

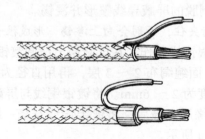

图 5-6　焊接绝缘导线制作地线

低频电缆常作为电子产品中各部件的连接线，用于传输低频信号。首先应根据插接器的引脚数目选择相应的电缆，电缆内各导线也应进行剥头、捻头和搪锡处理，然后焊到对应引脚上。应注意已安装好的电缆线束在插头座上不能松动。电缆线把的弯曲半径不得小于线把直径的两倍，在插头座根部的弯曲半径不得小于线把直径的5倍，以防止电缆折损。

（1）非屏蔽电缆与插接器的连接　将电缆外层的棉织纱套剪去长度适当的一段，用棉线绑扎，如图5-7所示，并涂上清漆，再套上橡胶圈。拧开插接器插头上的螺钉，拆开其插头座，把插头座后环套在电缆上，给电缆的每一根导线套上绝缘套管，再将导线按顺序焊到各焊片上，然后将绝缘套管推到焊片上。最后安装插头座外壳，拧紧螺钉，旋好后环，如图5-8所示。

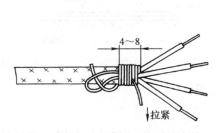

图 5-7　非屏蔽电缆端头的绑扎

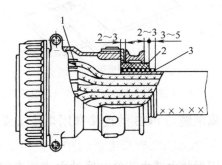

图 5-8　非屏蔽电缆与插接器的连接

1—绝缘套管　2—电缆用橡胶套
3—棉线或锦纶线涂 Q98-1 漆

（2）屏蔽电缆与插接器的连接　将电缆的屏蔽层剪去长度适当的一段，用浸蜡棉线或亚麻线绑扎，如图5-9所示，并涂上清漆。拧开插接器插头上的螺钉，拆开其插头座，把插头座后环套在电缆上，然后将一金属圆垫圈套过屏蔽层，并把屏蔽层均匀地焊到圆垫圈上。给电缆的每一根导线套上绝缘套管，再将导线按顺序焊到各焊片上，然后将绝缘套管推到焊片上。完成后安装插头座外壳，拧紧螺钉，旋好后环，最后再在后环外缠棉线或锦纶线，并涂上清漆，如图5-10所示。

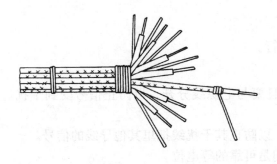

图 5-9　屏蔽电缆端头的绑扎（绑扎宽度不小于4mm）

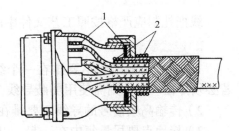

图 5-10　屏蔽电缆与插接器的连接

1—焊锡　2—棉线或锦纶线

4. 扁电缆的加工

扁电缆又称带状电缆，是由许多根导线结合在一起、相互之间绝缘且整体对外绝缘的一种扁平带状软电缆，是使用范围很广的柔性连接。

去除扁电缆的绝缘层需用专门的工具和技术。常使用摩擦轮剥皮器，低温去除扁电缆的绝缘层，如图 5-11 所示。也可使用刨刀片去除扁电缆的绝缘层，这种方法需把刨刀片加热到足以熔化绝缘层的温度，如图 5-12 所示。

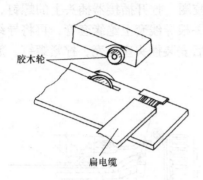
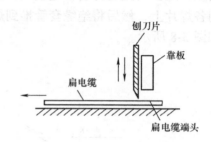

图 5-11　用摩擦轮剥皮器低温去除扁电缆的绝缘层　　图 5-12　用加热的刨刀片去除扁电缆的绝缘层

扁电缆与 **PCB** 的连接常用焊接法或专用固定夹具。

5. 绝缘同轴射频电缆的加工

因射频电缆中流经芯线的电流频率很高，所以加工时应特别注意芯线与屏蔽层的径向距离。如果芯线不在屏蔽层的中心位置，会造成特性阻抗变化，使信号传输受损。因此在加工前和加工中，必须**注意**：千万不要损坏电缆的结构。焊接在射频电缆上的插头或插座要与射频电缆相匹配，如 50Ω 的射频电缆应焊接在 50Ω 的射频插头上，焊接处芯线应与插头同心。

四、线把的扎制

电子产品的电气连接主要依靠各种规格的导线来实现。较复杂的电子产品的连线很多，若把他们合理分组，扎成各种不同的线把（也称线束、线扎），不仅美观，占用空间少，还保证了电路工作的稳定性，更便于检查、测试和维修。

（一）线把扎制常识

1. 线把扎制要求

线把扎制应严格按照工艺文件中的要求进行。

2. 走线要求（设计工艺文件时，必须考虑）

1）输入、输出线不要排在一个线把内，且要与电源线分开，以防止信号受到干扰。若必须排在一起，则需使用屏蔽导线。

2）传输高频信号的导线不要排在线把内，以防止其干扰线把里其他导线的信号。

3）接地点要尽量集中在一起，以保证它们是可靠的等电位。

4）线把不要形成环路，以防止磁力线通过环行线，产生磁、电干扰。

5）线把应远离发热体，并且不要在元器件上方走线，以免发热元器件破坏导线绝缘层且增加更换元器件的困难。

6）扎制的导线长短要合适，排列要整齐。从线把分支处到焊点之间应有一定的余量，若太紧，则振动时可能会把导线或焊盘拉断；若太松，不仅浪费，而且会导致空间凌乱。

7）尽量走最短距离的连线，拐弯处取直角；尽量在同一个平面内连线。

另外，每一个线把中至少要有两根备用导线，备用导线应选线把中长度最长、线径最粗的导线。

（二）常用的几种扎线方法

1.用线绳捆扎

捆扎用线有棉线、尼龙线和亚麻线等，捆扎之前可以放到石蜡中浸一下，以增强导线的摩擦系数，防止松动。线把的具体捆扎方法如图 5-13 所示。

对于带有分支点的线把，应将线绳在分支拐弯处多绕几圈，起加固作用。分支线的捆扎方法如图 5-14 所示。

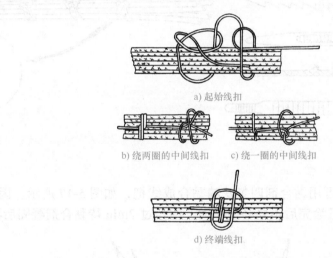

a) 起始线扣

b) 绕两圈的中间线扣　　c) 绕一圈的中间线扣

d) 终端线扣

图 5-13　线把的具体捆扎方法

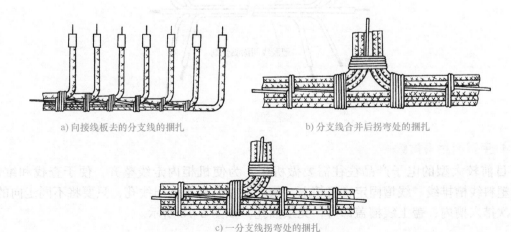

a) 向接线板去的分支线的捆扎　　　　b) 分支线合并后拐弯处的捆扎

c) 一分支线拐弯处的捆扎

图 5-14　分支线的捆扎方法

另外，线把绑好后，应该用清漆涂覆，防止松脱。

2. 用线把搭扣捆扎

由于线把搭扣使用非常方便，所以现在的电子产品生产中常用线把搭扣捆扎线把。用线把搭扣捆扎时应注意，不要拉得太紧，否则会弄伤导线，且线把搭扣拉紧后，应剪掉多余的部分。线把搭扣的种类很多，如图5-15所示。图5-16所示为用线把搭扣捆扎的示意图。

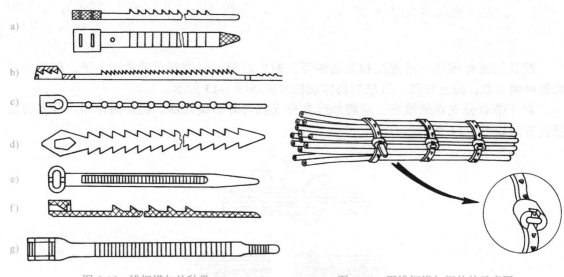

图 5-15　线把搭扣的种类　　　　　　　　　图 5-16　用线把搭扣捆扎的示意图

3. 用黏合剂黏合

导线的数目较少时，可用黏合剂四氢呋喃黏合成线把，如图5-17所示。因黏合剂易挥发，所以涂抹要迅速。且涂完后不要马上移动，约经过2min待黏合剂凝固后再移动。

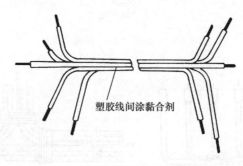

塑胶线间涂黏合剂

图 5-17　用黏合剂黏合导线制成线把

4. 用塑料线槽排线

目前较大型的电子产品往往需要做机柜，为使机柜内走线整齐，便于查找和维修，常用塑料线槽排线。线槽固定在机箱上，槽上下左右有很多出线孔，只要将不同走向的导线依次排入槽内，盖上线槽盖即可，无须捆扎，如图5-18所示。

5. 活动线把的捆扎

电子产品中常有需要活动的线把，如读盘用的激光头线把。为使线把弯曲时每根导线受力均匀，应将线把拧成 15° 后再捆绑，如图 5-19 所示。

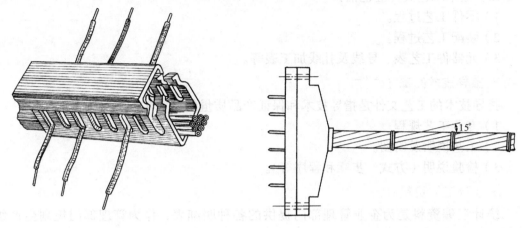

图 5-18 用塑料线槽排线　　　　　　　　图 5-19 活动线把的捆扎

以上五种扎线方法的特点：用线绳捆扎比较经济，但效率低；用线把搭扣捆扎方便，但线把搭扣只能一次性使用；用黏合剂黏合较经济，但不适用于导线较多的情况，且换线非常不便；用线槽更方便，但较贵，也不适用于小产品。实际使用时采用何种方法扎线，应根据实际情况选择。

（三）线把的保护

线把完成捆扎后，有时还要加防护层，尤其是对于活动线把，为了防止磨损，通常在线把外再缠绕一层绝缘带，常选用聚氯乙烯或尼龙带，宽度为 10 ～ 20mm。缠绕时，绝缘带前后搭边宽度不少于带宽的一半，末端用黏合剂粘牢或用线绳捆扎。

有时也可用套管，如聚氯乙烯套管、尼龙编制套管和热缩套管等。套管内径应与线把直径相匹配，套管两端用棉丝绳扎紧，并涂 Q98-1 胶。

第二节　电子产品的工艺文件

各种准备工艺都必须按照工艺文件的要求去做，那么工艺文件是如何编制的？它包括哪些内容呢？

工艺文件是根据产品的设计文件，结合各企业的实际情况编制而成的。它是产品加工、装配和检验的技术依据，也是生产管理的主要依据。在生产中，只有每一步都严格按照工艺文件的要求去做，才能保证生产出合格的产品。

一、工艺文件的分类

根据电子产品的特点，工艺文件通常可分为基本工艺文件、指导技术的工艺文件、统计汇编资料和管理工艺文件用的格式四类。

1. 基本工艺文件

基本工艺文件是供企业组织生产、进行生产技术准备工作最基本的技术文件，它规定了产品的生产条件、工艺路线、工艺流程、工具设备、调试及检验仪器、工艺装置和工时定额。基本工艺文件应包括：

1）零件工艺过程。

2）装配工艺过程。

3）元器件工艺表、导线及扎线加工表等。

2. 指导技术的工艺文件

指导技术的工艺文件是指导技术和保证产品质量的技术文件，它主要包括：

1）专业工艺规程。

2）工艺说明及简图。

3）检验说明（方式、步骤和程序等）。

3. 统计汇编资料

统计汇编资料是为企业管理部门提供的各种明细表，作为管理部门规划生产组织、编制生产计划、安排物资供应和进行经济核算的技术依据，主要包括：

1）专用工装。

2）标准工具。

3）材料消耗定额。

4）工时消耗定额。

4. 管理工艺文件用的格式

管理工艺文件用的格式包括：

1）工艺文件封面。

2）工艺文件目录。

3）工艺文件更改通知单。

4）工艺文件明细表。

二、工艺文件的编制

工艺文件的编制方法

1. 工艺文件的编制原则

应根据电子产品的批量和复杂程度及生产的实际情况，按照一定的规范和格式编写，并配齐成套，装订成册。现在工艺文件的编制基本按照电子行业标准 SJ/T 10324—1992《工艺文件的成套性》执行。

2. 工艺文件的编制要求

1）工艺文件要有工艺的格式和幅面，图幅大小应符合有关标准，并保证工艺文件的成套性。

2）字体要正规，图形要正确，书写要清楚。

3）所用产品名称、编号、图号、符号、材料和元器件代号等应与设计文件保持一致。

4）安装图在工艺文件中可以按照工序全部绘制，也可以只按照各工序安装件的顺序，参照设计文件安装。

5）线把图尽量用 1∶1 图样，以便于准确捆扎和排线。大型线把可用几幅图纸拼接，或用剖视图标注尺寸。

6）装配接线图中连接线的接点要明确，接线部位要清楚，必要时内部接线可假设移出展开。各种导线的标记由工艺文件决定。

7）工序安装图基本轮廓相似、安装层次表示清楚即可，不必全按实样绘制。

8）焊接工序应画出接线图，各元器件的焊点方向和位置应画出示意图。

9）编制成的工艺文件要执行审核、批准等手续。

10）当设备更新、技术革新时，应及时修订工艺文件。

3. 工艺文件的编制方法

电子产品整机装配生产过程有准备工序、流水线工序和调试检验工序，工艺文件应按照工序编制。

（1）准备工序工艺文件的编制　准备工序的内容有：元器件筛选、元器件引脚成形和搪锡、线圈和变压器的绕制、导线加工、线把捆扎、地线成形、电缆制作、剪切套管和打印标记等。这些工作不适合流水线装配，应按工序分别编制相应的工艺文件。

（2）流水线工序工艺文件的编制　电子产品的装配和焊接工序大多在流水线上进行。编制流水线工序工艺文件主要为了确定以下三个问题：

① 确定流水线上需要的工序数目，此时应考虑各工序的平衡性，其工作量和工时应大致接近。

② 确定每个工序的工时，一般小型机每个工序的工时不超过 5min，大型机不超过 30min，再进一步计算日产量和生产周期。

③ 确定工序顺序，要考虑省时、省力，操作方便。

另外，安装和焊接工序应分开。每个工序尽量不使用多种工具，以便工人操作简单，熟练掌握，保证优质高产。

下面以插件工艺文件的编制为例，进行详细说明。

在不具有 SMT 和 AI（自动插件）设备的企业，所有的元器件都在插件流水线上组装，在具有 SMT 和 AI 设备的企业，也有部分元器件是不适应机插、机贴的，这些元器件也必须由插件流水线来完成组装，因此学习插件工艺文件的编制是必要的。

编制插件工艺文件是一项细致而烦琐的工作，必须综合考虑合理的次序、难易的搭配和工作量的均衡等因素，因为插件工人在流水线作业时，每人每天插入的元器件数量高达 8000～10000 个，在这样大数量的重复操作中，若插件工艺文件编制不合理，会导致差错率明显上升，所以合理地编制插件工艺文件是非常重要的，应使工人在思想比较放松的状态下，也能正确高效地完成作业内容。

1）编制要领。各道插件工位的工作量安排要均衡，需要做到以下几点：

① 工作量（按标准工时定额计算）差别小于等于 3s。

② 电阻器避免集中在某几道工位安装，应尽量平均分配给各道工位。

③ 外形完全相同而型号规格不同的元器件，绝对不能分配给同一工位。

④ 型号、规格完全相同的元器件应尽量分配给同一工位。

⑤ 需识别极性的元器件应平均分配给各道工位。

⑥ 安装难度高的元器件也要平均分配给各道工位。

⑦ 前道工位安装的元器件不能造成后道工位的安装困难。

⑧ 插件工位的顺序应先上后下、先左后右，这样可减少前后工位的相互影响。

⑨ 工位顺序应考虑省时、省力，操作方便，尽量避免工件来回翻动，重复往返。

⑩ 在满足上述各项要求的情况下，每个工位的插件区域应相对集中，有利于提高插件速度。

2）编制步骤和方法（以某小收音机为例）。

① 计算生产节拍时间。

每天工作时间：8h。

上班准备时间：15min。

上、下午休息时间：各15min。

计划日产量：1000台。

$$每天实际作业时间 = 每天工作时间 – （准备时间 + 休息时间）$$
$$=8 \times 60min–（15+15 \times 2）min=435min$$
$$=435 \times 60s=26100s$$

$$节拍时间 = 每天实际作业时间 \div 计划日产量$$
$$=26100s \div 1000=26.1s$$

② 计算元器件插件总工时。将元器件分类列在表5-1内，按标准工时定额查出单件的定额时间，最后累计算出元器件插件所需的总工时。

表 5-1　元器件插件工时

序　号	元器件名称	数量 / 只	定额时间 /s	累计时间 /s
1	小功率碳膜电阻	13	3	39
2	跨接线	4	3	12
3	中周（5脚）	3	4	12
4	小功率晶体管（需整形）	5	5.5	27.5
5	小功率晶体管	2	4.5	9
6	电容（无极性）	12	3	36
7	电解电容（有极性）	7	3.5	24.5
8	音频变压器（5脚）	2	5	10
9	二极管	1	3.5	3.5
合计总工时 /s				173.5

③ 计算插件工位数。插件工位的工作量安排一般应考虑适当的余量，当计算值出现小数时一般采取进位的方式。

$$插件工位数 = 插件总工时 \div 节拍时间 =173.5s \div 26.1s \approx 6.65$$

所以根据上式得出，日产1000台收音机的插件工位数应确定为7。

④ 确定工位工作量时间。

工位工作量时间 = 插件总工时 ÷ 插件工位数 =173.5s ÷ 7 ≈ 24.79s

工作量允许误差 = 节拍时间 × 10%=26.1s × 10% ≈ 2.6s

（注：工作量允许误差是指各个工位工作量时间之间的最大允许误差）

⑤ 划分插件区域。按编制要领将元器件分配到各工位。

⑥ 对工作量进行统计分析。对每个工位的工作量进行统计分析，见表 5-2。

表 5-2　工作量统计分析

工位序号 类型	一	二	三	四	五	六	七
电阻数 / 只	1	2	2	2	2	2	2
跨接线数 / 只	1				2	1	
二极管、晶体管数 / 只	2	1	1	1	1	1	1
瓷片电容 / 只	2	2	2	2	1	1	2
电解电容 / 只		1	1	2	1	1	1
中周、线圈数 / 只	1	1	1				
变压器数 / 只							1
有极性元器件数 / 只	2	2	2	3	3	2	2
元器件品种数 / 只	6	6	6	6	6	7	6
元器件个数 / 只	7	7	7	7	7	7	7
工时 /s	25	25	25	24.5	24	25	25

⑦ 编写装配工艺过程卡。

（3）调试检验工序工艺文件的编制　应标明测试仪器、仪表的等级标准和连接方法，标明各项技术指标的规定值及其调试条件和方法，并明确规定检验项目和检验方法。

三、工艺文件格式及填写方法

1. 工艺文件封面

工艺文件封面在工艺文件装订成册时使用。简单的设备可按整机装订成册，复杂的设备可按分机单元等装订成册。

2. 工艺文件目录

工艺文件目录是工艺文件装订顺序的依据。它既可作为移交工艺文件的清单，也便于查阅每一种组件、部件和零件所具有的各种工艺文件的名称、页数和装订次序。

3. 元器件工艺表

为提高插装效率，对购进的元器件要进行预处理加工，而元器件工艺表是供整机产品、分机、整件、部件内部电器连接的准备工艺使用的。

4. 导线及扎线加工表

列出整机产品所需各种导线和扎线等线缆用品。使用此表既方便、醒目，又不易出错。

5. 工艺说明及简图

工艺说明及简图可用作调试说明及调试简图、检验说明、工艺流程框图和特殊工艺要求的工艺图等。

6. 装配工艺过程卡

装配工艺过程卡是整机装配中的重要文件，应用范围较广。准备工作的各工序和流水线的各工序都要用到它。其中，安装图、连线图和线把图等都采用图卡合一的格式，即在一张图样上既有图形，又有材料表和设备表。主要材料可按操作前后次序排列。有些要求在图形上不易表达清楚，可在图形下方加注简要说明。

工艺文件的具体填写方法见本章第三节的蓝牙混音功率放大器装配实例。

第三节　电子产品装配工艺的要求和过程

电子产品装配工艺要求和过程

一、电子产品装配工艺的要求

为了确保产品质量，整机的装配工艺应严格按照工艺文件进行。如何才能做到严格执行工艺文件呢？人是关键因素。因此需要对装配工作人员进行严格的岗前培训，提高他们的质量意识，使他们能够自觉地执行工艺文件，并具有较高的技术素质，有能力执行工艺文件。

电子产品的安全性和可靠性是衡量其质量的两个重要因素，因此装配工艺应该达到以下基本要求。

1. 保证导通与绝缘的电气性能

装配好的电子产品，应在长期工作及振动、温度和湿度等自然条件变化的环境中，都能保证通者恒通、断者恒断，因此在编制工艺文件时已经充分考虑了各个方面的因素，采取了相应的措施，装配时决不能做任何改动。

图 5-20a 所示为一台仪器机壳为接地螺钉设置的焊片组件。安装中，靠紧固螺钉并通过防松垫圈（即弹簧垫圈）的防松作用保证电气连接。如果安装时忘记安装防松垫圈，虽然在一段时间内仪器能够正常工作，但在使用过程中不可避免的振动会使螺母逐渐松动，导致问题连接发生，最终通过这个组件设置的接地保护作用失效。

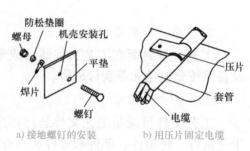

a) 接地螺钉的安装　　　b) 用压片固定电缆

图 5-20　电气安装实例

图 5-20b 所示为用压片将电缆固定在机壳上。安装时应注意两点：一要检查金属压片表面有无尖棱毛刺，二要给电缆套上绝缘套管。原因是此处严格要求电缆线与机壳之间的绝缘，而金属压片上的尖棱毛刺会刺穿电缆的绝缘层，导致机壳与电缆相通。这种情况往往会造成严重的安全事故。

2. 保证机械强度

在第二章 PCB 排版布局的有关内容中，已经考虑了那些大而重的元器件的装配问题，这里还要对此做出进一步说明。

在使用的过程中，电子产品不可避免地需要运输和搬动，会产生各种有意或无意的振动、冲击，如果机械安装不够牢固，电气安装不够可靠，都有可能因为加速运动的瞬间受力使电子产受到损害。

例如，把变压器等较重的零部件安装在塑料机壳上，若采用图 5-21a 所示自攻螺钉固定的办法，由于塑料机壳强度有限，在振动的作用下，塑料孔内的螺纹容易被拉坏从而造成设备的损伤。所以，这种固定方法常常用在受力不大的场合。显然，采用图 5-21b 所示螺栓固定的方法，将大大提高安装的机械强度，但安装效率比前一种稍低，且成本也要略高一些。

a) 自攻螺钉固定　　b) 螺栓固定

图 5-21　安装的固定方法

与同步缩小体积的其他元器件相比，大容量的电解电容目前仍然是 PCB 上体积最大的元件。考虑到机械强度，图 5-22a 所示的安装方法是不可靠的。无论是电容器引脚的焊点，还是 PCB 上铜箔与基板的黏合，都有可能在受到振动、冲击的时候因为加速运动的瞬间受力而被破坏。为解决这种问题，可以采取多种办法：在电容器与 PCB 之间垫入橡胶垫（见图 5-22b）或聚氯乙烯塑料垫（见图 5-22c），减缓冲击；使用热熔性的黏合剂把电容器黏合在 PCB 上（见图 5-22d），使两者在振动时保持同频、同步的运动；或者用一根固定导线穿过 PCB，绕过电容器把它压倒绑住，固定导线可以焊接在 PCB 上，也可以铰结固定（见图 5-22e），这种方法非常适合小批量生产。从近几年国内外新电子产品的情况来看，采用热熔性黏合剂固定电容器比较多见。而固定导线的方法多用于固定晶体振荡器，这根导线是裸线，往往还要焊接在晶体的金属外壳上，同时起到电磁屏蔽的作用（见图 5-22f）；对于晶体振荡器来说，更简单的固定兼屏蔽方法是把金属外壳直接焊接在 PCB 上，如图 5-22g 所示。

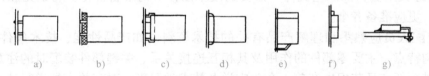

　　a)　　　　b)　　　　c)　　　　d)　　　　e)　　　　f)　　　　g)

图 5-22　大电容和晶体振荡器的安装方法

3. 保证传热、电磁方面的要求

在安装中，必须考虑某些零部件在传热、电磁方面的要求，因此需要采取相应的措施。

常用的散热器标准件很多，不论采用哪一种款式，其目的都是为了使元器件在工作中产生的热量能够更好地传送出去。大功率晶体管在机壳上安装时，利用机壳作为散热器的安装方法如图 5-23 所示。安装时，既要保证绝缘的要求，又不能影响散热效果；即希望导热又不希望导电。当工作温度较高时，应该使用云母垫片；当工作温度低于 100℃时，可以采用完好无损的聚酯薄膜作为垫片。并且在元器件和散热器之间填上硅胶，能够降低热阻，改善传热效果。穿过散热器和机壳的螺钉也要套上套管，如图 5-23a 所示。紧固螺钉时，不要将一个拧紧以后再去拧另一个，这样容易造成管壳同散热器贴合不严，影响散热性能。正确方法是两个（或多个）螺钉轮流逐渐拧紧，可使贴合严密并减小内应力，如图 5-23b 所示。

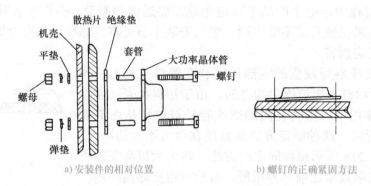

a) 安装件的相对位置   b) 螺钉的正确紧固方法

图 5-23 大功率晶体管利用机壳作为散热器的安装方法

金属屏蔽盒的安装如图 5-24 所示，为避免接缝造成的电磁泄漏，安装时在中间垫上导电衬垫。衬垫通常采用金属编织网或导电橡胶制成。

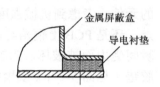

图 5-24 金属屏蔽盒的安装

二、电子产品装配工艺的过程

电子产品装配工艺的过程可分为装配准备、部件装配和整机装配三个阶段。

（一）装配准备

1. 技术准备

1）做好技术资料如工艺文件、必要的技术图样等的准备工作。特别是新产品的生产技术资料，更应准备齐全。

2）装配人员应熟悉和理解产品有关的技术资料，如产品性能、技术条件、装配图、产品的结构特点、主要零部件的作用及其相互连接关系、关键部件装配时的注意事项及要求等。在进行新产品装配生产前，企业应举办技术学习班，对有关人员进行技术培训。

2. 生产准备

（1）生产组织准备　根据工艺文件，确定工序步骤和装配方法，进行流水线作业安排、人员配备等。

（2）装配工具和设备准备　目前在电子产品的部件装配和整机装配中，使用的大部分是手工工具，但在某些大型企业中要求一致性强的产品大批量生产的流水线上，为了保证产品质量，提高劳动生产率，配备了一些专用装配设备。下面分别予以介绍。

常用手工装配工具有电烙铁、剪刀、斜口钳、尖嘴钳、平嘴钳、剥线钳、镊子、螺钉旋具（又称起子、改锥或螺丝刀）、螺母旋具（用于装拆六角螺母和螺钉）等。

电子产品整机装配专用设备有下列六种：

1）切线剥线机。用于自动裁剪导线，并按需要的剥头长度剥去塑料绝缘层。

2）元器件刮头机。用于刮去元器件表面的氧化物。

3）普通浸锡炉。用于在焊接前对元器件引脚、导线剥头和焊片等进行浸锡处理，也可用于小批量 PCB 制作。

4）自动插件机。用于把规定的电子元器件插入并固定在 PCB 预制孔中。

5）波峰焊机。用于 PCB 焊接。

6）烫印机。用于烫印金箔，例如扬声器的面框。

（3）材料准备　按照产品的材料工艺文件，进行购料、领料和备料等工作，并完成下列任务：

1）协作零部件的质量抽检。

2）元器件测量。

3）导线和线把加工，屏蔽导线和电缆加工。

4）元器件引脚成形与搪锡。

5）打印标记。

（二）部件装配

一台电子整机产品通常由各种不同的部件组成，中间装配质量的好坏将直接影响整机的质量。在生产厂中，部件装配一般在生产流水线上进行，有些特殊部件也可由有关专业的生产厂家提供。

1. PCB 的装配

电子产品的部件装配中，PCB 装配元器件数量最多，工作量也较大，PCB 的装配工艺质量与产品质量关系密切。PCB 装配的主要工作是装插元器件和焊接工艺，这部分内容详见有关章节。

2. 机壳、面板的装配

产品的机壳、面板既要安装部分零部件，构成产品的主体骨架，同时也对产品的机内部件起保护作用，为使用、运输和维护带来方便。而优美的外观造型又具有观赏价值，可以提高产品的竞争力。产品机壳、面板的装配要求主要有以下四点：

1）注塑成形后的机壳、面板，经过喷涂、烫印等工艺后，装配过程中要注意保护，工作台面上应放置塑料泡沫垫或橡胶软垫，防止弄脏或划损机壳、面板。

2）进行机壳、面板和其他部件的连接装配时，要准确装配到位，并注意装配程序，一般是先轻后重，先低后高。紧固螺钉时，用力要适度，既要紧固，又不能用力过大造成滑牙穿透，损坏部件。

3）机壳、面板、后盖上的铭牌、装饰板、控制指示和安全标记等应按要求端正牢固地装在指定位置。

4）面板上装配的各种可动件，应操作灵活可靠。

3. 其他常用部件的装配

（1）屏蔽件的装配　为了保证屏蔽效果，进行屏蔽件装配时，要保证接地良好。对于螺纹连接或铆接的屏蔽件，螺钉、铆钉的紧固要做到牢靠、均匀。对于锡焊装配的屏蔽件，焊缝要做到光滑无毛刺。

（2）散热件的装配　散热件与相关元器件的接触面要平整贴紧，以便增大散热面。连接紧固件要拧紧，使它们接触良好，以保证散热效果。

（三）整机装配

整机装配又称整机总装，是把组成整机的有关零件和部件等半成品装配成合格的整机产品的过程。这些半成品在进入整机装配前应是通过检验并且合格的，例如具有一定功能的 PCB 部件应经过调试合格后方可进入整机装配。整机装配工艺流程框图如图 5-25 所示。

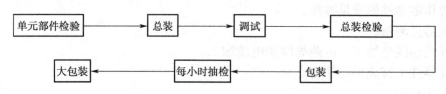

图 5-25　整机装配工艺流程框图

整机装配通常应注意下列事项：

1）整机装配应有清洁、整齐、明亮且温度和湿度适宜的生产环境。装配时应先按要求戴好白纱手套再进行操作。操作人员应熟悉装配工艺过程卡的内容要求，必要时应熟悉整机产品的性能、结构。

2）进入整机装配的零件、部件应经过检验，并被确定为型号、品种和规格符合要求的合格产品，或调试合格的单元功能板。如果发现有不合要求的，应及时更换或修理。

3）装配时应确定好零件、部件的位置、方向和极性，不要装错。安装原则一般是从里到外、从下到上、从小到大、从轻到重，前道工序不影响后道工序，后道工序不改变前道工序。

4）安装的元器件、零件、部件应端正牢固。紧固后的螺钉头部应用红色胶粘剂固定，铆接的铆钉不应有偏斜、开裂、毛刺或松动现象。

5）操作时应细心，不能破坏零件的精度、表面粗糙度和镀覆层，不能让焊锡、线头、螺钉和垫圈等异物落在整机中，同时应注意保护好产品外观。

6）总装接线要整齐、美观且牢固，导线或线把的放置要稳固且安全，要防止导线绝缘层被损伤，以免造成短路或漏电现象。电源线或高压线一定要连接可靠，不可受力。

7）水平导线或线把应尽量紧贴底板放置，竖直方向的导线可沿边框四角敷设，导线转弯时弯曲半径不宜过小。抽头、分叉、转弯和终端等部位或长线把中间每隔 20～30cm 用线夹固定。交流电源或高频引线可用塑料支柱、支承架空布线，以减小干扰。

8）对产品的性能、寿命、可靠性和安全性等实用性有严重影响或在工艺上有严格要求和严重影响后道工序的关键工序，应设置质量管理点，通过对质量管理点的强化控制来保证产品的质量。

三、蓝牙混音功率放大器的装配

蓝牙混音功率放大器由电源模块、蓝牙混音模块和调音功放模块三部分组成。电源模块输入交流 220V 电压，输出 ±12V、+5V 和 +3.3V 电压给各单元供电；蓝牙混音模块的作用是把直达音频信号与经延时的音频信号混合以产生模拟剧场空间的效果；调音功放模块包括由 NE5532 组成的音调电路和由 LM1875 组成的左右声道功率放大及重低音功率放大电路，电路简单可靠，调试方便。下面以一套简单的工艺文件进行示例，包括工艺文件封面、工艺文件目录、工艺流程图、元器件清单、电路原理图、装配图和工艺说明。

1. 工艺文件封面

工 艺 文 件

第 1 册
共 1 册
共 10 页

文件类别：专业工艺文件

文件名称：

产品名称：蓝牙混音功率放大器

产品图号：

本册内容：工艺流程图、元器件清单、
电路原理图、装配图、工艺说明

批准：
年　月　日

2. 工艺文件目录

工艺文件目录			产品名称		计划生产件数	
			蓝牙混音功率放大器			
序号	工艺文件名称			页号	备注	
1	封面			1		
2	目录			2		
3	工艺流程图			3		
4	元器件清单			4～5		
5	电路原理图			6		
6	装配图			7～9		
7	工艺说明			10		

旧底图总号	更改标记	数量	更改单号	签名	日期		签名	日期	第2页
						拟制			共10页
底图总号						审核			第1册
						标准化			共1册

3. 工艺流程图

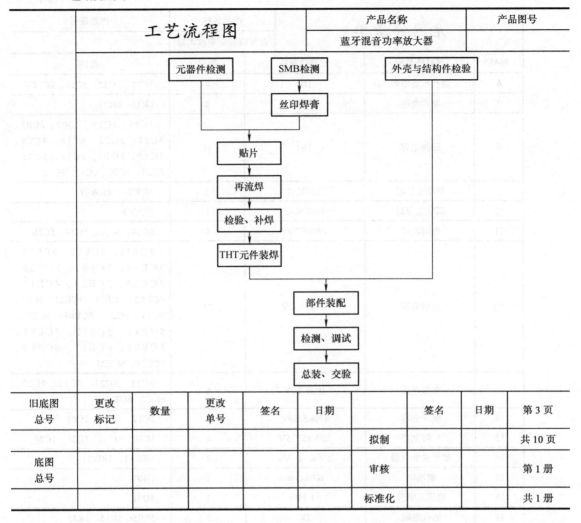

工艺流程图		产品名称	产品图号
		蓝牙混音功率放大器	

旧底图总号	更改标记	数量	更改单号	签名	日期		签名	日期	第 3 页
						拟制			共 10 页
底图总号						审核			第 1 册
						标准化			共 1 册

4. 元器件清单

元器件清单			产品名称	产品图号
			蓝牙混音功率放大器	

序号	元器件类型	元器件参数	数量	备注
1	贴片二极管	1N4007	8	2D01、2D02、5D01、5D02、5D11、5D12、5D21、5D22
2	通孔 CBB（聚丙烯）电容	472	1	6C02
3	通孔 CBB 电容	223	5	5C03、5C13、5C23、4C13、4C23
4	通孔 CBB 电容	101	2	4C14、4C24
5	通孔 CBB 电容	103	5	4C11、4C12、4C21、4C22、6C01

（续）

元器件清单			产品名称	产品图号
			蓝牙混音功率放大器	
序号	元器件类型	元器件参数	数量	备注
6	通孔校正电容	104	4	1C11、1C12、1C21、1C22
7	贴片电阻	100K	2	6R11、6R21
8	贴片电容	104	16	1C16、1C26、2C02、2C03、3C12、3C22、4C18、4C28、5C15、5C17、5C19、5C25、5C27、5C29、6C12、6C22
9	双联电位器	B50K-2	2	4RW01、4RW02
10	双联电位器	B100K-2	1	4RW03
11	电解电容	100μF/50V	4	5C14、5C16、5C24、5C26
12	电解电容	4.7μF/50V	25	3CE11、3CE12、3CE13、3CE14、3CE21、3CE22、3CE23、3CE24、4CE11、4CE12、4CE21、4CE22、5C01、5C11、5C21、5CE01、5CE02、5CE11、5CE12、5CE21、5CE22、6CE11、6CE12、6CE21、6CE22
13	电解电容	10μF/25V	6	3C11、3C21、4C17、4C27、6C11、6C21
14	电解电容	470μF/50V	3	1C17、1C27、2C01
15	电解电容	2200μF/35V	4	1C13、1C14、1C23、1C24
16	带开关电位器	B50K-1-SW	2	3RW11、3RW21
17	整流桥	KBL608	1	1B01
18	稳压二极管	4.7V	1	3D01
19	通孔电阻	2R	3	5R05、5R15、5R25
20	通孔独石电容	331	3	5C02、5C12、5C22
21	通孔涤纶电容	224	2	1C15、1C25
22	贴片电阻	3K	3	5R04、5R14、5R24
23	贴片电阻	68K	2	4R14、4R24
24	贴片电阻	47K	11	4R11、4R12、4R13、4R15、4R16、4R21、4R22、4R23、4R25、4R26、6R01
25	贴片电阻	22K	13	3R01、3R11、3R12、3R13、3R21、3R22、3R23、5R01、5R03、5R11、5R13、5R21、5R23
26	贴片电阻	10K	3	2R03、6R02、6R03
27	贴片电阻	200R	1	2R02
28	贴片电阻	120R	1	2R01

（续）

元器件清单			产品名称	产品图号
			蓝牙混音功率放大器	
序号	元器件类型	元器件参数	数量	备注
29	贴片电阻	1K	7	1R12、1R22、4R17、4R27、5R02、5R12、5R22
30	贴片电阻	22R	2	1R11、1R21
31	双联电位器	B50K-2	1	3RW01
32	三端稳压器	1117-ADJ	1	2U02
33	三端稳压器	79L05	1	1U21
34	三端稳压器	78L05	1	1U11
35	排线插座	2.54mm2pin	3	5P01、5P11、5P21
36	排线插座	2.54mm3pin	2	3J11、3J21
37	排线插座	2.54mm5pin	4	2P01、3J01、3P01、4J01
38	钮子开关	NIUZIKAIGUAN	1	1K01
39	蓝牙模块	BLT_Block	1	3U01
40	精密电压源	TL431	2	1U12、1U22
41	精密电位器	5K	2	1RW11、1RW21
42	接线端子	5mm2pin	4	5J01、5J11、5J21、T-1
43	接线端子	5mm3pin	3	1P01、5P00、T-2
44	集成运放	NE5532	3	3U02、4U01、6U01
45	集成功放	LM1875	2	5U01、5U11、5U21
46	发光二极管	BULE-5MM	2	2LED01
47	电源插座	AC_CON_3	1	1CN01
48	大功率晶体管	TIP31C	1	1Q21
49	大功率晶体管	TIP32C	1	1Q11
50	USB 插座	USB	1	3CN01
51	三端稳压电源	78M05	1	2U01

旧底图总号	更改标记	数量	更改单号	签名	日期		签名	日期	第5页
						拟制			共10页
底图总号						审核			第1册
						标准化			共1册

5.电路原理图

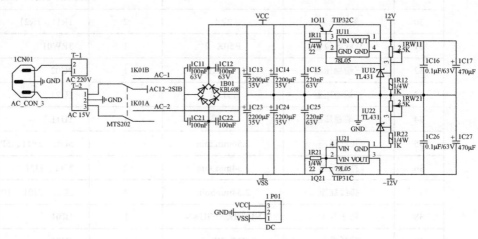

主电源电路原理图

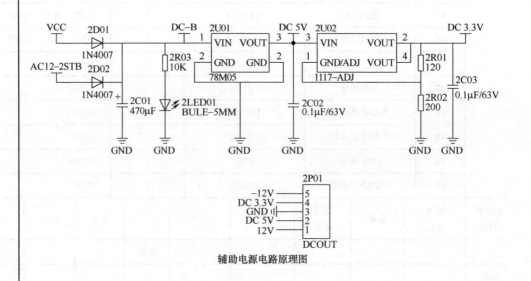

辅助电源电路原理图

（续）

电路原理图	产品名称	产品图号
	蓝牙混音功率放大器	

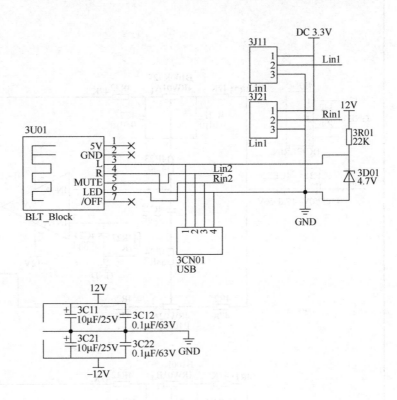

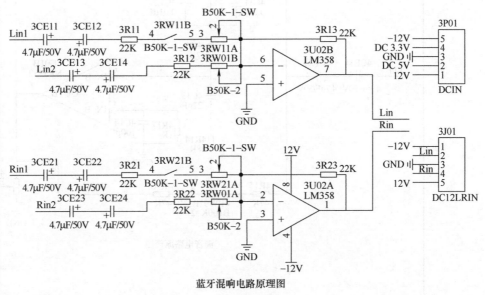

蓝牙混响电路原理图

（续）

电路原理图	产品名称	产品图号
	蓝牙混音功率放大器	

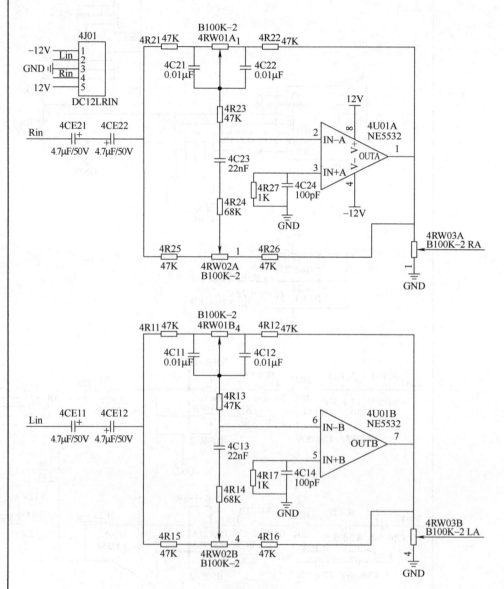

调音电路原理图

（续）

电路原理图	产品名称	产品图号
	蓝牙混音功率放大器	

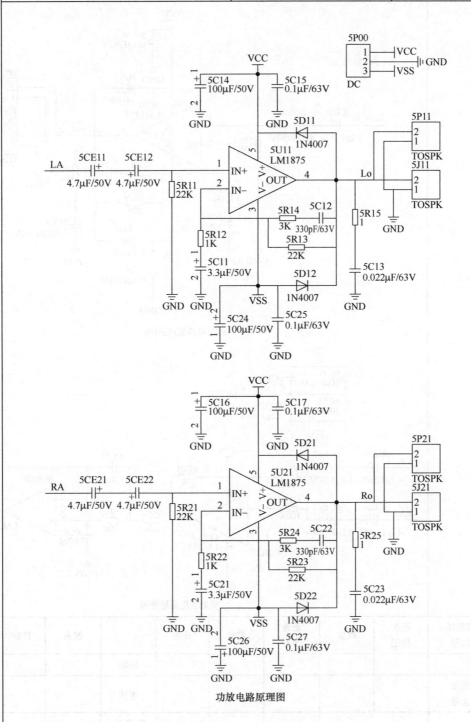

功放电路原理图

（续）

电路原理图	产品名称	产品图号
	蓝牙混音功率放大器	

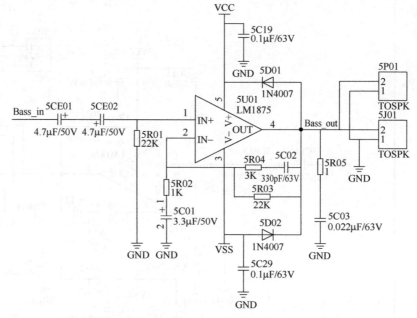

功放电路原理图(续)

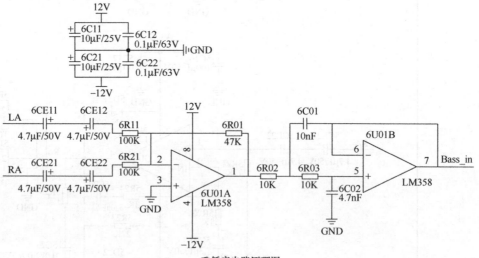

重低音电路原理图

旧底图总号	更改标记	数量	更改单号	签名	日期		签名	日期	第6页
						拟制			共10页
底图总号						审核			第1册
						标准化			共1册

6. 装配图

装配图	产品名称	产品图号
	蓝牙混音功率放大器	

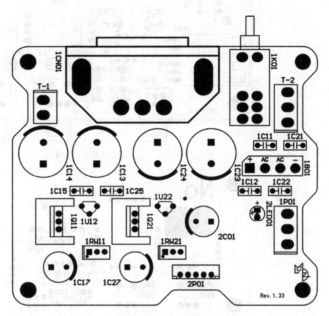

电源模块顶层装配图

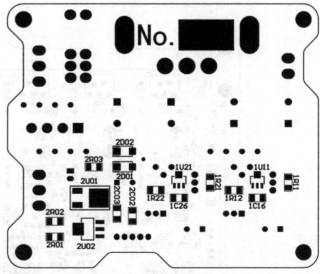

电源模块底层装配图

（续）

装配图	产品名称	产品图号
	蓝牙混音功率放大器	

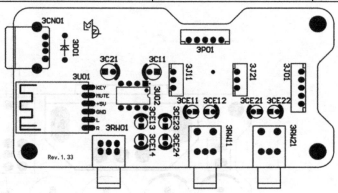

蓝牙混音模块顶层装配图

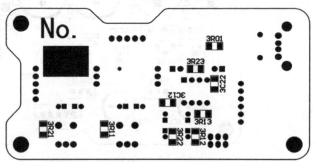

蓝牙混音模块底层装配图

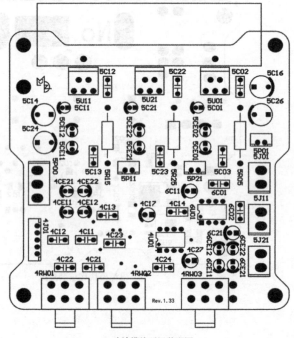

功放模块顶层装配图

（续）

装配图		产品名称	产品图号
		蓝牙混音功率放大器	

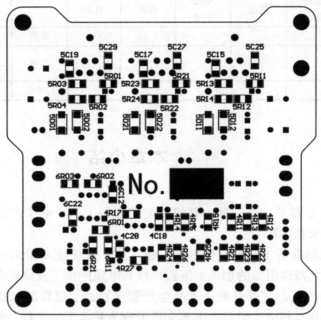

功放模块底层装配图

旧底图总号	更改标记	数量	更改单号	签名	日期		签名	日期	第9页
						拟制			共10页
底图总号						审核			第1册
						标准化			共1册

7. 工艺说明

工艺说明	产品名称	产品图号
	蓝牙混音功率放大器	

1）PCB 按模块进行焊接。

2）焊接原则是由小到大，由低到高。

3）先焊接表面安装元器件，再焊接通孔插装元器件，焊接要求应符合国家标准规定。

4）贴片电阻、贴片电容和贴片集成电路不得用手拿。

5）用镊子夹持时不可夹到引线上。

6）电解电容、集成电路表面安装或通孔插装时要注意标记的方向。

7）电源变压器焊接时用热缩管做好绝缘。

（续）

工艺说明						产品名称		产品图号	
						蓝牙混音功率放大器			
旧底图总号	更改标记	数量	更改单号	签名	日期		签名	日期	第10页
						拟制			共10页
底图总号						审核			第1册
						标准化			共1册

本章小结

本章主要介绍了三个问题：整机装配的准备工艺、电子产品的工艺文件、电子产品装配工艺的要求和过程。

整机装配的准备工艺是装配的第一道工序，是装配质量的关键。准备工艺主要包括导线的加工、元器件引脚的加工、屏蔽导线和电缆的加工及线把的扎制。

电子产品的工艺文件是电子产品生产管理和加工过程的依据，因此，工艺文件的编制应按一定的规范和格式编写。工艺文件可分为基本工艺文件、指导技术的工艺文件、统计汇编资料和管理工艺文件用的格式四类。

电子产品装配工艺是电子产品完成装配的全过程，装配工艺应严格按工艺文件的要求进行，应保证电子产品的安全性和可靠性。

电子产品装配工艺的流程框图如图5-26所示。

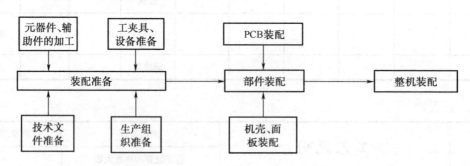

图5-26　电子产品装配工艺的流程框图

习　题　五

1.整机装配的准备工艺包括哪些内容？
2.导线的加工有哪些步骤？

3. 屏蔽导线接地端的处理有哪几种方式？

4. 线把的扎制有哪几种方法？各有什么优缺点？

5. 在编制工艺文件时，对走线应考虑些什么？

6. 电子产品工艺文件是如何分类的？

7. 电子产品工艺文件的作用是什么？

8. 管理工艺文件用的格式包括哪些内容？

9. 工艺文件的编制原则和编制要求有哪些？

10. 试编写蓝牙混音功率放大器的插件工艺文件。

11. 叙述工艺文件的格式和填写方法。

12. 电子产品装配工艺要求有哪些？

13. 电子产品装配工艺有哪几个阶段？

14. 机壳、面板装配时有什么要求？

第六章 电子产品的调试与检验

电子产品为了达到设计文件所规定的技术指标和功能，在整机装配完成后，一定要进行单元部件调试和整机调试。为了确保将符合质量指标的产品提供给用户，在装配前和装配后还应做好对原材料、元器件、零部件和整机的检验工作。

本章讲解了电子产品的调试、检验、质量管理及 ISO 9000 标准系列，培养学生按照国际标准和工艺规范进行操作，养成严谨细致、精益求精的工作态度。

第一节　电子产品的调试

电子产品的
调试

电子产品的调试包括两个工作阶段的内容：研制阶段的调试和生产阶段的调试。这两种调试的共同之处在于用测试仪器调整各个单元电路的参数，以满足其性能指标要求，然后对整个产品进行整体测试；不同之处在于研制阶段的调试是为了满足产品功能的要求，所以要不断地对电路中元器件进行改动或确定哪些元器件需用可调元器件代替，以及确定调试的具体内容和步骤。

一、调试工作的要求和一般程序

（一）调试工作的要求

为了保证电子产品的调试质量，在确保产品调试工艺文件完整的基础上，对调试工作一般应有以下要求。

1. 对调试人员的要求

调试人员应理解产品的工作原理、性能指标和技术条件；应正确合理使用仪器，掌握仪器的性能指标和使用环境要求；应熟悉产品的调试工艺文件，明确本工序的调试内容、方法、步骤及注意事项。

2. 对环境的要求

调试场地应整齐清洁，避免高频电压电磁场干扰，如强功率电台、工业电焊等干扰会引起测量数据不准确。调试高频电路时应在屏蔽室内进行。调试大型整机的高压部分时，应在调试场地周围挂上高压警告牌。

3. 仪器仪表的放置和使用

根据工艺文件要求，准备好测试所需要的各类仪器仪表，核查仪器仪表的计量有效期、测试精度和测试范围等。仪器仪表的放置应符合调试工作的要求。

4. 技术文件和工装准备

技术文件是产品调试的依据。调试前应准备好产品的技术条件、技术说明书、电路原理图、检修图和工艺过程指导卡等技术文件。对于大批量生产的产品，应根据技术文件的要求准备好各种工装夹具。

5. 被测件的准备

调试前必须检查调试电路是否正确安装、连接，有无短路、虚焊、错焊和漏焊等现象，检查元器件的好坏及性能指标。

6. 通电调试要求

通电前，应检查直流电源极性是否正确，电压数值是否合适。同时还要注意不同类电子产品的通电顺序。例如，电子管广播电视发射机通电时应先加灯丝电压，等几分钟再加低压，最后加高压，关机时则相反；而普通广播电视接收机一般都是一次性通电。通电后，应观察机内有无放电、打火和冒烟等现象，有无异常气味，各种调试仪器指示是否正常。如发现异常现象，应立即按顺序断电。

（二）调试工作的一般程序

由于电子产品种类繁多，功能各异且电路复杂，各产品单元电路的数量和类型各不相同，所以调试程序也各不相同。简单的小型电子产品，装配完毕即可直接进行整机调试。而对于较复杂的大中型电子产品，其调试程序如下。

1. 通电前的检查工作

在通电前应检查电路板上的插接件是否正确、到位，焊点是否有虚焊和短路现象。只有这样，才能提高调试效率，减少不必要的麻烦。

2. 电源调试

电源是各单元电路和整机正常工作的基础。一般在电源调试正常后，再进行其他项目的调试。电源部分通常是一个独立的单元电路，电源电路通电前应检查电源变换开关是否位于要求的档位（如 110V 档、220V 档）上，输入电压是否正确；是否装入符合要求的熔丝等。通电后，应注意有无放电、打火和冒烟现象，有无异常气味，电源变压器是否有超常温升。若有这些现象，则应立即断电检查，待正常后才可进行电源调试。

电源调试的内容主要是测试各输出电压是否达到规定值，电压波形有无异常以及调节后是否符合设计要求等。通常先在空载状态下进行调试，目的是防止因电源未调好而引起负载部分的电路损坏。还可加假负载进行检测和调整，待电源调试正常后，接通原电路检测其是否符合要求，当达到要求后，固定调节元器件的位置。

3. 各单元电路的调试

电源调试结束后，可按单元电路功能依次进行调试。例如，电视机生产的调试可分为行扫描、场扫描、亮度通道和显像管及其附属电路、中放通道、高频通道、色度通道和伴音通道等电路调试。直至各部分电路均符合技术文件规定的指标为止。

4. 整机调试

各单元电路、部件调好后，便可进行整机装配和调试。在调试过程中，应对各项参数分别进行调试，使调试结果符合技术文件规定的各项技术指标。整机调试完毕，应紧固各调试元器件。

二、单元部件的调试

单元部件的调试是整机装配和调试的前提，其调试效果直接影响到产品质量。单元部件的调试是整机生产过程中的重要环节。

（一）静态测试与调整

静态电压的
测试

静态工作状态是一切电路的工作基础，如果静态工作点不正常，电路就无法实现其特定电气功能。静态工作点的调试就是在无输入信号的前提下，调整各级的工作状态，测量其直流工作电压和电流是否符合设计要求。因测量电流时，需将电流表串入电路，连接起来不方便，而测量电压时，只需将电压表并联在电路两端，所以静态工作点的测量一般都只进行直流电压测量，如需了解直流电流的大小，可根据阻值计算。也有些电路根据测试需要，在 PCB 上留有测试用的断点，待串入电流表测出数值后，再用锡封焊好断点。

1. 供电电源静态电压测试

电源电压正常是各级电路静态工作点正常的前提，电源电压偏高或偏低都不能准确测量出静态工作点。

2. 单元电路静态工作电压测试

在单元电路静态工作电压测试中，若电压偏低，则电路有短路或漏电现象；若电压偏高，则电路有断路现象。

3. 晶体管静态电压测试

首先测量晶体管（如 NPN 型）各极对地的电压，即 U_b、U_c 和 U_e，并判断其是否在所规定的状态（放大、饱和或截止）下工作。例如，若测量出的 U_b=0.6V、U_c=3.2V、U_e=0V，则说明晶体管工作在放大状态。

4. 集成电路静态工作点测试

集成电路各引脚对地的电压反映了内部电路的工作状态。将所测电压与正常电压相比，如有异常，在排除外电路元器件异常的情况下，即可判断为内电路故障。

（二）动态测试与调整

静态工作点正常后，便可进行动态测试与调整。动态测试与调整的项目包括动态工作电压、波形和频率、动态输出功率、相位关系、频带、放大倍数及动态范围等。这种测试的目的是为了保证电路各项参数、性能、指标符合技术要求。在数字电路的使用中，元器件选择合适，直流工作点正常，一般就可以保证逻辑关系。

1. 电路动态工作电压测试

动态工作电压同样是判断电路是否正常工作的重要手段。测试内容包括集成电路各引脚对地的动态工作电压和晶体管各极对地的动态工作电压。例如，在收音机的本振电路中，当振荡电路正常工作时，测量振荡管基极对地直流电压，万用表的指针将出现反偏现象。

2. 电路中重要波形和频率的测试和调整

电子产品中需要进行波形和频率测试和调整的单元不是很多，但在排除故障的过程中却是重要手段。例如，放大电路需要测试波形；接收机的本机振荡及其振荡器既要测试波形又要测试频率。测试单元电路各级波形时，一般需要在单元电路的输入端输入交流信号。测试时应注意仪器与单元电路的连接线，特别是测试高频电路时，测试仪器应使用高频探头，连接线应采用屏蔽导线，且连线要尽量短，以避免杂散电容、电感对测试波形和频率测试准确性的影响。

动态波形的测试

3. 频率特性的测试与调整

频率特性指当输入电压幅度恒定时，网络输出电压随输入信号频率变化而变化的特性，它是发射机、接收机等电子产品的主要性能指标。例如，收音机中频放大器的频率特性，决定了收音机选择性的好坏；电视接收机高频调谐器及中放通道的频率特性，决定了电视机图像质量的好坏；示波器 Y 轴放大器的频率特性，制约了示波器的工作频率范围。

因此，在电子产品的调试中，频率特性的测试是一项重要的测试技术。频率特性的测试一般采用扫频法。扫频法是将扫频仪的输入端和输出端分别加到被测电路的输入端和输出端，在扫频仪上可以观察到电路对各频率点的响应。扫频法是利用扫频信号发生器实现频率特性的自动或半自动测试。因为信号发生器的输入频率是连续扫描的，因此扫频法简捷、快速，而且不会漏掉被测频率特性的细节。但用扫频法测出的动态特性，存在一定测量误差。

动态调试的内容有很多，如相位特性、瞬态响应和电路放大倍数等，这里不再赘述，在以后的使用中具体问题具体分析。

三、整机调试

整机调试是为了保证整机符合技术指标和设计要求，把经过静态调试和动态调试的各个部件组装在一起进行相关测试，以解决单元部件调试中不能解决的问题。整机调试一般有以下五个步骤。

1. 整机外观检查

整机外观检查主要检查外观部件是否完整，拨动是否灵活。以收音机为例，检查天线、电池夹子、波段开关和刻度盘等项目。

2. 整机内部结构检查

内部结构检查主要检查内部结构装配的牢固性和可靠性。例如电视机电路板与机座安装是否牢固，各部件之间的接插线与插座有无虚接。

3. 整机功耗测试

整机功耗是电子产品设计的一项重要技术指标。测试时常用调压器对整机供电，即用调压器将交流电压调到 220V，测试正常工作时整机的交流电流，将交流电流乘以 220V 便得到整机功耗。如果测试值偏离设计要求，说明机内有短路或其他不正常现象，应进行全面的检查。

4. 整机统调

整机统调的主要目的是复查各单元电路连接后性能指标是否改变，若有改变，则调试有关元器件。

5. 整机技术指标测试

已调好的整机为了达到原设计的技术要求，必须经过严格的技术测试。例如收音机的整机功耗、灵敏度和频率覆盖等技术指标的测试。不同类型的整机有不同的技术指标及相应的测试方法，按照国家对该类电子产品的规定进行测试。

四、整机调试举例

下面以 AMP–V195 型蓝牙调音功放调试为例，说明整机的调试过程。

AMP–V195 型蓝牙调音功放共包含六个功能单元，它们的名称和功能如下。

1. 主供电单元

将电源变压器输出的两路交流电压进行整流滤波，产生两路直流电源 VCC、VEE，主要用于功放芯片的供电；再由 VCC、VEE 产生两路电压可调的稳压电源 V+、V–，其可调范围在 ±8V 至 ±14V 之间，用于运放芯片的供电。

2. 辅助供电单元

产生 5V 和 3.3V 两路直流电源，主要用于蓝牙解码等功能模块的供电，功放开机和待机时辅助电源都在工作。

3. 混音单元

将两路麦克风信号分别与蓝牙信号的左右声道混合，混合后麦克风信号和蓝牙信号的占比可以通过电位器进行调节，为保证信号不失真，混音过程中信号的幅值不发生明显改变。

4. 调音单元

将混音后音频信号中的低音、中音和高音分量通过电位器分别进行调节，使用者可以根据自己的收听习惯进行增益的加大或减小。

5. 低音单元

从调音后的音频信号中提取出重低音频率的信号，在功放单元中单独进行功率放大，形成左、右、低音的 2.1 声道。

6. 功放单元

分别将调音后的左、右声道信号和重低音声道信号进行功率放大，推动各自声道的扬声器发声。

（一）通电前检查

1. 检查元器件是否有缺失、损坏和极性错误等问题

元器件检查通过目检方式进行，如遇元器件缺失，应对照工艺流程，确认缺失元器

件是否应当安装，工艺流程中应当安装但实际未安装的，应在工艺文件中记录，并进行返工；工艺流程中不应当安装的，忽略即可。如遇元器件损坏、极性错误等问题，应在工艺文件中记录，并进行维修。

2. 检查焊点是否有虚焊、漏焊和短路等问题

焊点检查通过目检方式进行，根据国家标准进行焊点质量判定，如遇虚焊、漏焊和短路等缺陷焊点，应在工艺文件中记录，并进行返工。

3. 检查连接线是否有虚接、反接和错接等问题

根据装配图核查连接线是否正确，如遇虚接、反接和错接等问题，应在工艺文件中记录，并进行调整。

4. 测量各电源对地电阻

为了判断电源输出端是否存在对地短路故障，在通电之前，使用万用表测量电源各个输出端的电阻，测量部位参考图 6-1，测量值满足表 6-1 中的正常范围即可。

对地电阻的
测试

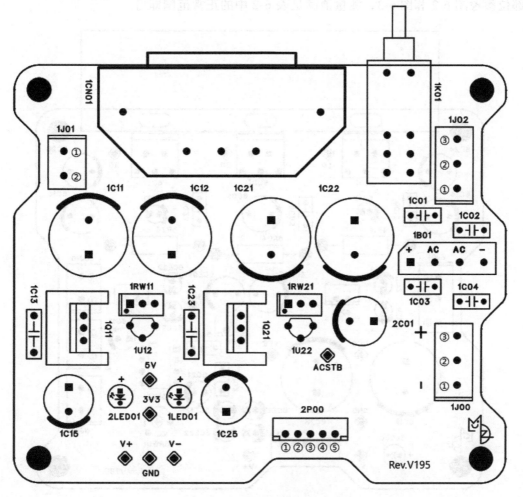

图 6-1　电源板（P 板）装配图

表 6-1 各电源对地电阻

序号	位置	测量说明	正常范围
1	1J01 ①——1J01 ②	电源变压器一次绕组阻值	约 90Ω[①]
2	1J02 ①——1J02 ②（地）	电源变压器部分二次绕组阻值	约 0.4Ω[①]
3	1J02 ③——1J02 ②（地）	电源变压器部分二次绕组阻值	约 0.4Ω[①]
4	1J00 ①——1J00 ②（地）	整流滤波输出正电源对地电阻	约 40kΩ[②]
5	1J00 ③——1J00 ②（地）	整流滤波输出负电源对地电阻	约 40kΩ[②]
6	2P00 ①——2P00 ③（地）	可调稳压输出正电源对地电阻	约 8kΩ[②]
7	2P00 ⑤——2P00 ③（地）	可调稳压输出负电源对地电阻	约 8kΩ[②]
8	2P00 ②——2P00 ③（地）	待机 5V 电源输出对地电阻	约 6kΩ[②]
9	2P00 ④——2P00 ③（地）	待机 3.3V 电源输出对地电阻	约 320Ω[②]

[①] 参考值，随电源变压器型号、输出电压和功率不同而变化。

[②] 参考值，随负载电路状况不同而变化，不短路即可。

5. 测量各信号线对地电阻

为了判断信号线是否存在对地短路故障，使用万用表测量各个端口的对地电阻，测量部位参考图 6-2 和图 6-3，测量值满足表 6-2 中的正常范围即可。

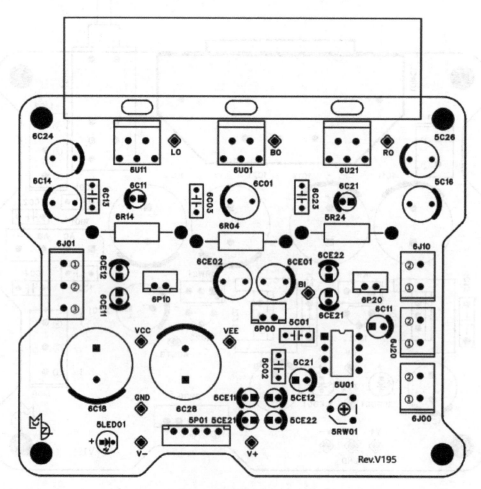

图 6-2 低音功放板（BA 板）装配图

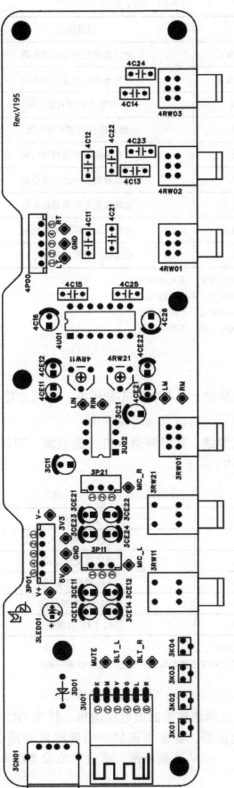

图 6-3　混音调音板（MT 板）装配图

表 6-2　各信号线对地电阻

序号	位置	测量说明	正常范围
1	3U01 ⑤——3U01 ④（地）	蓝牙模块左声道对地电阻	大于 20MΩ[①]
2	3U01 ⑥——3U01 ④（地）	蓝牙模块右声道对地电阻	大于 20MΩ[①]
3	3P11 ③——3P11 ②（地）	传声器左声道对地电阻	约 1.2MΩ[②]
4	3P21 ③——3P21 ②（地）	传声器右声道对地电阻	约 1.2MΩ[②]
5	4P00 ②——4P00 ③（地）	调音输出左声道对地电阻	约 120kΩ[③]
6	4P00 ④——4P00 ③（地）	调音输出右声道对地电阻	约 120kΩ[③]
7	6J10 ①——6J10 ②（地）	功放输出左声道对地电阻	约 175kΩ[④]
8	6J20 ①——6J20 ②（地）	功放输出右声道对地电阻	约 175kΩ[④]
9	6J00 ①——6J00 ②（地）	功放输出低声道对地电阻	约 175kΩ[④]

[①] 参考值，随蓝牙模块型号不同而变化，不短路即可。
[②] 参考值，随传声器型号不同而变化，不短路即可。
[③] 参考值，随运放芯片型号不同而变化，不短路即可。
[④] 参考值，随功放芯片型号不同而变化，不短路即可。

（二）电源单元测试

电源是整机正常工作的基础，只有电源正常供电，整机才能正常工作。

1. 待机测量交流电源电压、待机直流电源输出

断开电源开关，连接电源线，测量两路待机直流电源，测量部位参考图 6-4，测量值满足表 6-3 中的正常范围即可。

表 6-3　待机时各电源单元正常电压值

序号	位置	测量说明	正常范围
1	1J01 ①——1J01 ②	交流电源输入	约 AC 220V[①]
2	1J02 ①——1J02 ②（地）	变压器交流输出	约 AC 12V[②]
3	1J02 ③——1J02 ②（地）	变压器交流输出	约 AC 12V[②]
4	2P00 ②——2P00 ③（地）	待机 5V 电源输出	约 DC 5V
5	2P00 ④——2P00 ③（地）	待机 3.3V 电源输出	约 DC 3.3V

[①] 参考值，随测试环境中市电情况变化。
[②] 参考值，随测试环境中市电情况和变压器个体差别变化，通常略高一些。

2. 开机测量整流滤波电压输出、可调稳压电源输出

闭合电源开关，测量正负两路整流滤波电压输出，约为 DC 17V；测量正负两路可调稳压电源输出，调整对应电位器，验证可调稳压电源的可调范围，正电源应在 8 ～ 14V 连续可调，负电源应在 –14 ～ –8V 连续可调，测量部位参考图 6-4，测量值满足表 6-4 中的正常范围即可。

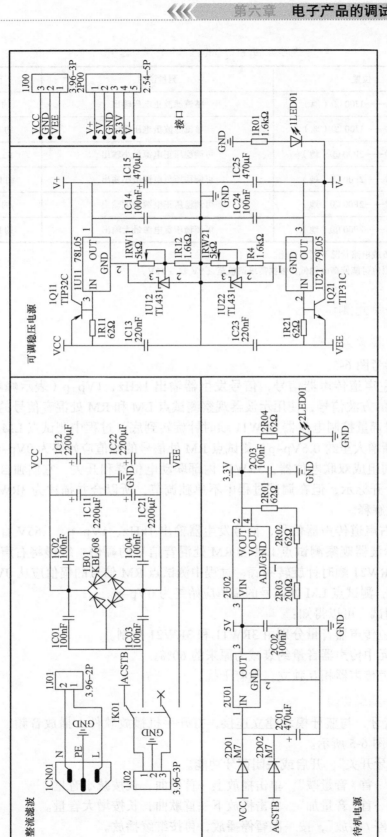

图 6-4 电源板原理图

表 6-4　开机时各电源单元正常电压值

序号	位置	测量说明	正常范围
1	1J00 ① —— 1J00 ②（地）	整流滤波正电压输出	约 DC 17V[①]
2	1J00 ③ —— 1J00 ②（地）	整流滤波负电压输出	约 DC –17V[①]
3	2P00 ① —— 2P00 ③（地）	可调稳压正电源最小输出	约 DC 7.5V[②]
4	2P00 ⑤ —— 2P00 ③（地）	可调稳压负电源最小输出	约 DC –7.5V[②]
5	2P00 ① —— 2P00 ③（地）	可调稳压正电源最大输出	约 DC 15V[②]
6	2P00 ⑤ —— 2P00 ③（地）	可调稳压负电源最大输出	约 DC –15V[②]

① 参考值，随负载电路状况不同而变化。

② 理论值，实测值可能偏高或偏低，根据需求调整至 ±9V 或 ±12V。

（三）混音单元测试

1. 测试传声器输入信号

测量部位参考图 6-5。

3P11 连接左声道传声器信号，信号发生器输出 1kHz、1Vp-p（表示峰峰值为 1V）、1.65V 直流偏置的方波信号，使用示波器观察测试点 LM 和 RM 处混音信号的幅值，缓慢将左声道传声器音量控制电位器 3RW11 顺时针旋转到底，过程中测试点 LM 信号的幅值应从 0Vp-p 逐渐增大至约 0.6Vp-p，测试点 RM 处信号的幅值应始终为 0Vp-p。3RW11.1 和 3RW11.2 共同组成双联电位器，3RW11 内部联动电位器和开关，它们独自工作在各自电路中，所以分开标示，但在调试过程中不单独调节，所以合并描述为 3RW11。后文中相同情况不再做解释。

3P21 连接右声道传声器信号，信号发生器输出 1kHz、1Vp-p、1.65V 直流偏置的方波信号，使用示波器观察测试点 LM 和 RM 处混音信号的幅值，缓慢将右声道传声器音量控制电位器 3RW21 顺时针旋转到底，过程中测试点 RM 信号的幅值应从 0Vp-p 逐渐增大至约 0.6Vp-p，测试点 LM 处信号的幅值应始终为 0Vp-p。

通过上述测试，可以得知：

1）左右声道传声器音量分别由 3RW11 和 3RW21 控制。

2）混音单元中传声器音量约衰减为原来的 60%。

3）左右声道传声器相互独立，没有干扰。

2. 测试蓝牙连接功能

打开手机蓝牙，与蓝牙模块建立连接，打开手机播放软件，播放音频，测试各按键功能，原理图如图 6-5 所示。

3K01："蓝牙开关"，开启或关闭蓝牙功能。

3K02："上一首 / 音量减"，单击播放上一首歌曲，长按减小音量。

3K03："下一首 / 音量加"，单击播放下一首歌曲，长按增大音量。

3K04："暂停 / 播放"，按一次暂停播放，再按继续播放。

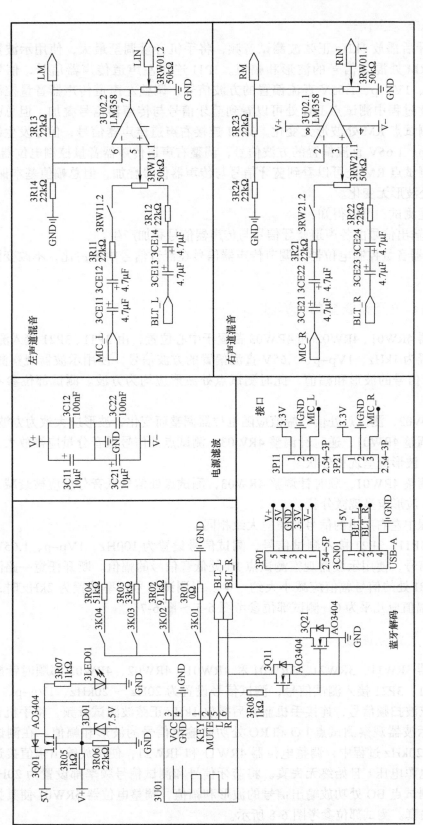

图 6-5 混音单元原理图

3. 测量蓝牙输入信号

连接蓝牙后播放 1kHz 正弦波测试音频,将手机音量调至最大,使用示波器观察测试点 LM 和 RM 处混音信号的波形和幅值。3P11 连接左声道传声器信号,信号发生器输出为 1kHz、1Vp-p、1.65V 直流偏置的方波信号,调整左声道传声器音量控制电位器 3RW11,在此过程中测试点 LM 处可以看到蓝牙信号与传声器信号叠加,但总幅值基本保持不变;测试点 RM 处波形无变化。3P21 连接右声道传声器信号,信号发生器输出为 1kHz、1Vp-p、1.65V 直流偏置的方波信号,调整右声道传声器音量控制电位器 3RW21,在此过程中测试点 RM 处可以看到蓝牙信号与传声器信号叠加,但总幅值基本保持不变;测试点 LM 处波形无变化。

通过上述测试,可以得知:

1)混音输出信号由各声道蓝牙信号与传声器信号叠加产生。

2)传声器音量控制电位器只调节传声器信号在混音信号中的占比,不改变混音信号的总幅值。

(四)调音单元和低音单元调试

将电位器 4RW01、4RW02 和 4RW03 都置于中心位置,由 3P11、3P21 接入测试信号,测试信号设置为 1kHz、1Vp-p、1.65V 直流偏置的方波信号,使用示波器观察测试点 LT 和 RT 处调音信号的波形和幅值,此时测试点处波形应均为方波。测试部位参考图 6-5、图 6-6。

调整 4RW02,测试点处信号幅值应随电位器调整而变化,波形应大致为方波。

顺时针调整 4RW01,逆时针调整 4RW03,测试点处信号低音分量应被放大,高音分量应被衰减,波形应呈现积分状。

逆时针调整 4RW01,顺时针调整 4RW03,测试点处信号低音分量应被衰减,高音分量应被放大,波形应呈现微分状。

测试过程中左右声道的信号幅值应大致相同。

分别由 3P11、3P21 接入测试信号,测试信号设置为 100Hz、1Vp-p、1.65V 直流偏置的正弦波信号,使用示波器观察测试点 BI 处低音信号的幅值。断开任意一路测试信号后,测试点 BI 处的信号幅值应减小大约一半。当测试信号频率设置为 2kHz 时,测试点 BI 处的信号幅值应几乎为 0。测试部位参考图 6-5 ~图 6-7。

(五)功放单元调试

将电位器 3RW11、3RW21、3RW01 和 4RW01、4RW02、4RW03 都顺时针旋转至最大位置,3P11、3P21 接入测试信号,测试信号设置为 20Hz ~ 20kHz、1Vp-p、1.65V 直流偏置的正弦波扫频信号,连接手机蓝牙后播放 1kHz 正弦波测试音频,将手机音量调至最大,使用示波器观察测试点 LO 和 RO 处功放输出信号的波形和幅值。在测试信号从 20Hz 扫描至 20kHz 过程中,调整电位器 4RW11 和 4RW21,使功放输出幅值接近理论最大值(功放电源电压)且始终无失真。将蓝牙信号和测试信号频率都设置为 20Hz,使用示波器观察测试点 BO 处功放输出信号的波形和幅值,调整电位器 5RW01 使其接近理论最大值且不失真。测试部位参考图 6-8 所示。

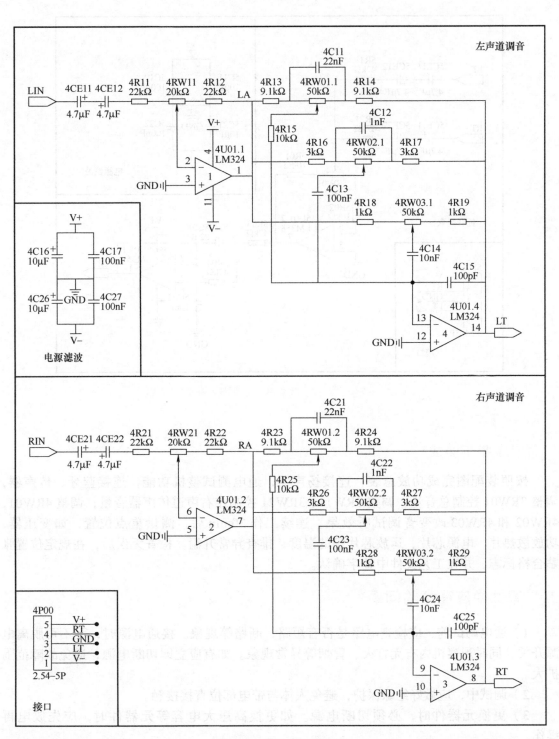

图 6-6 调音单元原理图

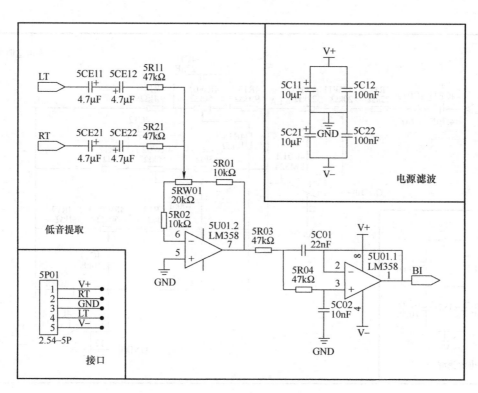

图 6-7　低音单元原理图

（六）整机调试

　　按照装配图完成功放总装，连接扬声器，通电测试整机功能，连接蓝牙、传声器，调整 3RW01 控制总音量，调整 3RW11、3RW21 控制左右声道传声器音量，调整 4RW01、4RW02 和 4RW03 改变音调试听效果。连续工作 30min 后，测量重点位置，如变压器、功放散热片、电源芯片、运放芯片等的温度，排查异常升温。检查无误后，在规定位置张贴合格标志，并在工艺文件中签字确认。

五、调试中应注意的问题

　　1）通电调试前，应检查电路是否有短路、断路等现象。接通电源时，手不可脱离电源开关，同时观察机内有无打火、冒烟等异常现象。如有应立即切断电源，避免故障范围扩大。

　　2）调试中，应做好绝缘保护，避免人体与带电部位直接接触。

　　3）更换元器件时，必须切断电源。如更换高压大电容等元器件时，应先放电再操作。

　　4）使用和调试 CMOS 电路时必须佩戴防静电手环。

　　5）离开现场前，必须关掉所有仪器设备的电源，并拉断总闸。

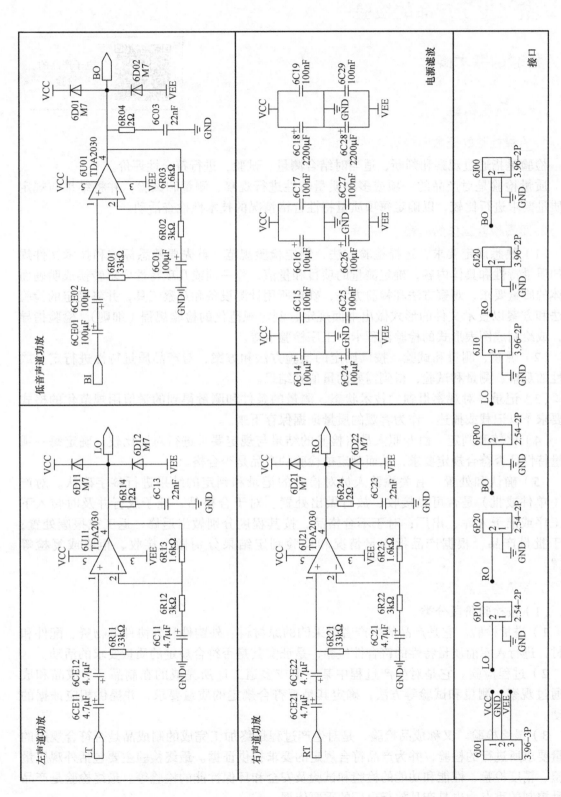

图 6-8　功放单元原理图

第二节 电子产品的检验

一、检验的基本概念

电子产品的
检验

（一）质量检验

1.质量检验的概念

检验是指通过观察和判断，适当时结合测量、试验，进行符合性评价。

质量检验是对产品的一项或多项质量特性进行观察、测量和试验，并将结果与规定的质量要求进行比较，以确定每项质量特性合格情况的技术性检查活动。

2.质量检验工作的内容

（1）熟悉规定要求，选择检验方法，制定检验规范　首先要熟悉标准和技术文件规定的质量特性和具体内容，确定测量的项目和量值，将一项或几项特性要求转换成明确而具体的质量要求、观察方法和检验方法，确定所用计测设备和观察工具，并将确定的检验方法和方案以技术文件的形式做出书面规定，制定规范化的检验规程（细则）、检验指导书，或绘制成图表形式的检验流程卡、工序检验卡等。

（2）观察、测量和试验　按已确定的检验方法和方案，对产品质量特性进行定量或定性的观察、测量和试验，得到需要的量值和结果。

（3）记录　对观察得到的技术状态、测量的条件和测量得到的量值用规范化的格式和要求予以记载或描述，作为客观的质量证据保存下来。

（4）比较和判定　由专职人员将检验的结果与规定要求进行对照比较，确定每一项质量特性是否符合规定要求，从而判定被检验的产品是否合格。

（5）确认和处置　有关检验人员对检验的记录和判定的结果进行签字确认。对产品（单件或批）是否可以接收、放行做出处置。对于合格品，准予放行并及时转入下道工序或准予入库、出厂；对于不合格品，按其程度分别做出返修、返工或报废处置；对于批量产品，根据产品批质量情况和检验判定结果分别做出接收、拒收或复检等处置。

3.质量检验的分类

（1）按检验阶段分类

1）进货检验。它是产品的生产者对采购的原材料、外购件和外协件等物资、配件和器材，进行入库前质量特性的符合性检验，是证实其是否符合规定的质量要求的活动。

2）过程检验。它是对生产过程中某一道或多道工序所完成的在制品、半成品和成品通过观察、测量和试验等方法，确定其是否符合规定的质量要求，并提供相应证据的活动。

3）最终检验。又称成品检验，是对生产过程最终加工完成的制成品是否符合规定的质量要求所进行的检验，并为产品符合规定的要求提供证据。最终检验主要包括外观质量检验、精度检验、性能和功能的检验和试验及安全和环保性能的检验等。最终检验是产品质量控制的重点，也是产品放行出厂的重要依据。

（2）按检验场所分类

1）固定场所检验。它是在企业的生产作业场所、场地和工地设立的固定检验站（点）进行的检验。

2）流动检验。又称巡回检验，是检验人员到产品加工制作的操作人员和机群处进行的检验。

（3）按检验方法分类

1）全数检验。它是在产品制造全过程中，对全部单一成品、半成品的质量特性进行逐项检验。检验后，根据检验结果对单一产品做出合格与否的判定。

2）抽样检验。它是根据数理统计的原则预先制定抽样方案，从交验的批产品中抽出部分样品进行检验，根据这部分样品的检验结果，按照抽样方案的判断规则，判定整批产品的质量水平，从而得出该批产品是否合格的结论，并决定接收还是拒收该批产品，或采取其他处理方式的检验。

4. 质量检验主要职能

1）鉴别功能。根据技术标准、产品图样、工艺规程或订货合同的规定，采用相应的检测方法，观察、测量和试验产品质量特性，判断产品质量是否符合规定的要求，这是质量检验的鉴别功能。鉴别功能主要由专职检验人员完成。

2）把关功能。质量把关是质量检验最基本的功能。产品的生产过程是一个复杂过程，影响质量的各种因素都会发生变化和波动，因此必须通过严格的质量检验，剔除不合格品，严把质量关，实现把关功能。

3）预防功能。对原材料和外构件的进货检验，对半成品转序或入库前的检验，既起把关作用，又起预防作用。特别是应用数理统计方法对检验数据进行分析，就能找到或发现质量变异的特征和规律，利用这些特征和规律就能改善质量状况。

4）报告功能。为了使生产的管理部门及时掌握生产过程中的质量状况，评价和分析质量控制的有效性，把检验获取的数据和信息，经汇总、整理和分析后写成报告，为质量控制、质量改进、质量考核以及管理层进行质量决策提供重要依据。

（二）电子产品检验

（1）定义 电子产品检验是对电子产品是否达到质量要求所采取的技术作业和活动，是电子产品整机检验范围中的最终检验。

（2）目的 电子产品检验的目的是全面考核电子产品是否满足质量要求。

（3）内容 电子产品检验的内容有环境试验、电性能检测和标识检验。

1）环境试验：模拟产品的最终使用条件和运行方式，进行环境、寿命、可靠性和安全性等检验，如高温老化、振动跌落等试验。

2）电性能检验：包括电、光、声和色等性能的检验，主要是整机电性能技术指标检测，如最大输出电平、灵敏度、频响和信噪比等。

3）标识检验：对产品上或产品包装上做的标记或悬挂的标签等产品标识进行检验，如批号、生产日期和危险警告等。

（三）电子产品检验的标准和规范

1. 质量检验的依据、过程和结果

1）质量检验的依据：技术标准（包括国家标准、行业标准和企业标准）、产品图样、制造工艺及有关技术文件。

2）质量检验的过程：对产品的一项或多项质量特性进行观察、测量和试验。

3）质量检验的结果：要依据产品技术标准和相关的产品图样、工艺制造技术文件的规定进行对比，确定每项质量特性是否合格，从而对产品质量进行判定。

2. 检验实习计划

检验实习计划就是对检验涉及的活动、过程和资源做出的规范化的书面（文件）规定，用以指导检验活动正确、有序和协调地进行。

基于电子与信息类专业范围的电子产品检验，检验主要是电子产品整机电性能技术指标的检测，检验实习计划的主要内容如下：

1）依据 ISO 9001 标准模拟建立电子产品检验实习的质量体系并文件化，即制定质量手册和程序文件，对实习过程进行有效控制，包括对检验过程的控制。

2）根据选择的检验对象（电子产品整机）和检验项目，建立电子产品检验的工艺化技术文件，即技术条件和测量方法、操作指导书、作业注意书及仪器操作规程。

3）建立质量记录文件，如仪器设备管理使用记录和检验报告。

二、电子产品检验一般工艺

（一）概述

（1）工艺和工艺文件　在工业生产中将各种原材料、半成品加工成产品的方法和过程称为工艺。形成的技术性文件称为工艺文件。

（2）电子产品检验工艺的三个部分　电子产品检验工艺包括元器件检验工艺、装配过程检验工艺和整机检验工艺。

（3）电子产品检验方式

1）全数检验：对所有产品 100% 进行逐个检验。

2）抽样检验：按照国家标准 GB/T 2828.1—2012《计数抽样程序　第 1 部分：按接收质量限（AQL）检索的逐批检验抽样计划》和 GB/T 2829—2002《周期检验计数抽样程序及表（适用于对过程稳定性的检验）》抽取产品样本进行检验。

（4）电子产品一般检验工艺流程　电子产品一般检验工艺流程和常用检验方式如图 6-9 所示。

（5）检验工艺文件的主要依据　根据产品的设计文件、工艺文件和相关的国际标准、国家标准、部颁标准、企业标准等文件及资料来制定检验工艺文件。

（6）检验工艺文件的主要内容

1）检验项目：根据设计文件和工艺文件标准等文件及资料的要求制定。

2）技术要求：根据确定的检验项目相应地制定出检验的技术要求。

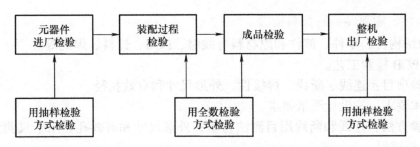

图 6-9 电子产品一般检验工艺流程和常用检验方式

3）检验方法：根据检验的技术要求，按照规定的环境条件、测量仪表、工具和设备条件，对规定的技术指标按照规定的测量方法进行检验。

4）检验方式：全数检验和抽样检验。

5）缺陷分类：重缺陷和轻缺陷。

6）缺陷判据：按照国家标准 GB/T 2828.1—2012 和 GB/T 2829—2002 判断。

（二）元器件检验工艺

元器件检验工艺在电子产品生产过程中占非常关键和重要的地位，因为元器件是电子产品的主要核心部分。所以对元器件检验工艺必须严格要求。

在生产之前工厂首先要对在外面购买或定做的结构件、零件、部件和元器件按照检验工艺要求进行检验，并做好检验记录，填写好检验报告。合格的做好标识送入元器件仓库。结构件、零件、部件和元器件仓库根据生产任务单发料，车间根据生产任务单领取材料进行生产。

1. 元器件检验

常用的元器件包括电阻器、电容器、电感器、半导体器件、集成电路、电声器件、插接件、开关件和外观结构件等。

例1 半导体二极管检验工艺要求。

1）检验项目：外观、正反向电阻和焊接性。

2）技术要求：正向电阻≤1kΩ，反向电阻≥500kΩ。

3）检验方法：外观用目测法检验；正反向电阻用数字万用表或模拟万用表测量；焊接性用槽焊法检验。

4）检验方式：抽样检验，按国家标准 GB/T 2828.1—2012 采用一次正常抽样，一般检查水平为Ⅱ级。

5）缺陷分类：重缺陷包括开路、短路、极性反、引角断、无标记或标记错、混规、壳裂和焊接性差，经锡锅浸入 0.5s 蘸锡，其沾锡面小于 95%（锡锅温度 235℃）；轻缺陷包括标记不清、外观差、引脚沾漆和漆层长。

6）缺陷判据用合格质量水平（AQL）进行判定。

① 重缺陷：AQL 为 0.04。

② 轻缺陷：AQL 为 0.4。

③ 焊接性：AQL 为 0.25。

2. 结构件、零部件和原材料检验

常用的结构件、零件、部件和原材料有线材、PCB、钎料、焊剂等。

例 2　PCB 检验工艺。

1）检验项目：连线、断线、焊接性、外形尺寸和有效孔径。

2）技术要求：按设计图纸要求。

3）检验方法：连线和断线用目测法检验；外形尺寸和有效孔径用卡尺测量；焊接性用 1～3 块板试焊。

4）检验方式：抽样检验，按 GB/T 2828.1—2012 采用一次正常抽样，一般检查水平。

5）缺陷分类：重缺陷包括 PCB 的外形尺寸和孔不符合要求、漏孔、漏工序、连线断、焊盘残缺大于 1/4、焊盘底层严重发黑、不易焊、阻燃起泡、板料分层、不阻燃、线条连焊及字符方向反。轻缺陷包括焊盘残缺小于 1/4、线条边缘略有毛刺、孔略偏、字符不清晰及略变形。

6）缺陷判据。

① 重缺陷：AQL 为 0.4。

② 轻缺陷：AQL 为 1.5。

（三）装配过程检验工艺

装配过程检验在电子行业中俗称流水检验，一般分为 PCB 装配检验、焊接检验、单板调试检验、组装合拢检验、总装调试检验和成品检验。每道工序的检验都有相应的检验工艺和检验报告。

例 3　PCB 贴片、插件检验工艺。

1）技术要求：按图检验贴片、插件的规格、型号和位号，不得错贴、错插、漏贴和漏插，特别是对有极性和方向性的元器件更应注意检查，不得有误。贴片、插件要求整齐、到位，不得有歪斜现象。检验合格后，进入下道工序焊接。

2）检验方法：目测法。

3）检验方式：全数检验。

例 4　PCB 焊接检验：PCB 焊接后焊点检验规范。

1）检验项目：焊点。

2）技术要求：焊锡适量；焊点光滑；无毛刺、砂眼和气孔等现象；无虚焊、假焊现象；焊点无拉尖、桥连和溅锡现象；要求补焊后检验。

3）检验方法：目测法。

4）检验方式：全数检验。

（四）整机检验工艺

整机检验应按照产品标准或产品技术条件规定的内容进行。检验类型一般分为三种：交收试验、定型试验和例行试验。

1. 交收试验

交收试验由生产质量检验监督部门负责进行，订货方可派代表参加，交收检验结果将作为确定产品能否出厂的依据。检验内容包括常温条件下的开箱检验项目和常温条件下的安全、电性能和机械性能的检验项目。这些内容应由检验人员按照产品标准或产品技术条件的规定，对产品进行抽样检验，按 GB 2828.1—2012 采用一次正常抽样，一般检查水平进行检验。

1）开箱检验：包装检验、产品外观检验。

检验方法：目测法。

2）安全检验：安全标记、电源线、正常条件下的防触电、绝缘电阻及抗电强度等的检验。

检验方法：用相关的检测仪器、设备进行检验。

3）电性能检验：按照产品标准或产品技术条件的规定检验。

检验方法：用相关的检测仪器、设备进行检验。

4）机械性能检验：检验开关、按键和旋钮的操作灵活性、可靠性，及整机机械结构和零部件安装的紧固性。

检验方法：目测法和手感法。

2. 定型试验

检验内容除包括交收试验的全部项目外，还应包括环境试验、可靠性试验、安全性试验和电磁兼容性试验。环境试验、可靠性试验、安全性试验和电磁兼容性试验均为国家强制执行标准要求。试验时可在试制样品中按照国家抽样标准进行抽样，或将试制样品全部进行检验。试验的目的主要是考核试制阶段中试制样品是否已达到产品标准或产品技术条件的全部内容。

定型试验目前已较少采用，多采用技术鉴定的形式。

（1）环境试验　依据国家标准 GB/T 9384—2011《广播收音机、广播电视接收机、磁带录音机、声频功率放大器（扩音机）的环境试验要求和试验方法》进行试验。环境试验标准主要包括气候试验和机械试验。

1）气候试验内容：①高温负荷试验。②高温储存试验。③恒定湿热试验。④低温负荷试验。⑤低温储存试验。⑥温度变化试验。⑦低气压试验。

2）机械试验内容：①扫频振动。②碰撞试验。③跌落试验。

（2）可靠性试验　依据国家标准 GB/T 5080.7—1986《设备可靠性试验：恒定失效率假设下的失效率与平均无故障时间的验证试验方案》进行试验。例如，对于彩电等产品，平均无故障工作时间（MTBF）：一等品和合格品应达到 15000h，优等品应达到 20000h。

（3）安全性试验　主要依据国家标准 GB 4943.1—2022《音视频、信息技术和通信技术设备　第 1 部分：安全要求》进行试验。

电子产品常按 GB 4943.1—2022 附录进行电涌试验、湿热处理、绝缘电阻和抗电强度试验。

（4）电磁兼容性试验　电磁兼容性指标包括干扰特性、传导抗扰度和辐射抗扰度等方面。涉及国家标准 GB/T 9254.1—2021《信息技术设备、多媒体设备和接收机电磁兼容　第 1 部分：发射要求》和 GB/T 9254.2—2021《信息技术设备、多媒体设备和接收机电磁兼容　第 2 部分：抗扰度要求》。

3. 例行试验

例行试验的内容与定型试验基本相同。一般在出现下列情况之一时进行：

1）正常生产过程中，定期或积累一定产量后，应周期性进行一次例行试验。

2）长期停产后恢复生产时，出厂检验结果与上次定型试验有较大差异时，应进行例行试验。

例行试验检验项目：电性能参数测量、安全检验、可靠性试验、环境试验和电磁兼容性试验。

第三节　电子产品的质量管理及 ISO 9000 标准系列

随着贸易全球化进程的加快，为了满足经济发展的需要，许多国家对产品的质量提出了更高的要求，制定了各种质量保证制度。但因各国的经济制度和文化不同，所采取的质量术语和概念也不相同，不同的质量保证制度很难被相互认同或采用，阻碍了国际贸易的发展。国际标准化组织（ISO）为了满足国际经济贸易交往中质量保证体系的客观需要，在总结各国质量保证制度的基础上，经过近十年的努力，于 1987 年发布了 ISO 9000 质量管理和质量保证标准系列。因该标准系列集科学性、系统性、实践性和指导性等特点于一身，问世后受到许多国家和地区的关注并采用推行。

电子产品的质量管理 –1

电子产品的质量管理 –2

一、质量与质量管理

（一）质量

1. 定义

质量指一组固有特性满足要求的程度。

2. 关键

质量的关键是满足要求，这些要求必须转化为有指标的特性，作为评价、检验和考核的依据。由于用户的要求是多种多样的，所以反映产品质量的特性也是多种多样的。

（二）质量管理

1. 定义

质量管理指在质量方面指挥和控制组织的协调活动。

2. 主要职能

制定质量方针和质量目标，确定质量职责、权限以及建立质量管理体系并使其有效运行。

3. 实现

质量管理是以质量管理体系为载体，通过建立质量方针、质量目标和为实施规定的质量目标进行质量策划、实施质量控制和质量保证以及开展质量改进等活动予以实现的。

4. 质量管理发展概况

质量管理的发展大致经历了三个阶段。

（1）质量检验阶段（20世纪20～30年代）　生产企业设置检验部门，配备专职或兼职检验人员，负责产品的检验工作。所使用的工具是各种的检测设备和仪表，方式是严格把关，进行100%的检验。

（2）统计质量管理阶段（20世纪40～50年代）　统计质量管理是运用数理统计方法，从产品质量波动中找出规律性，采取措施消除产生波动的异常原因，使生产过程的各个环节控制在正常的生产状态，从而起到保证经济地生产出符合标准要求产品的作用。这样，就从单纯的产品质量检验阶段发展到生产过程控制的统计质量管理阶段。实践表明，统计质量管理是保证产品质量、预防不合格产生的一种有效方法。

（3）全面质量管理（TQM）阶段（20世纪60年代至今）　20世纪60年代以来，随着科学技术和管理理论的发展，出现了一些关于产品质量的新概念，如"安全性"、"可靠性"与"经济性"等。把质量问题作为一个系统来进行分析研究，并出现了依靠员工自我控制的零缺陷运动（ZD运动）和质量管理（QM）小组活动等。1961年美国通用电气公司的菲根堡姆发表了《全面质量管理》一书，主张用全面质量管理取代统计质量管理。

全面质量管理的含义是：以质量为中心，以全员参与为基础，通过让用户满意和本组织所有者、员工、供方、合作伙伴或社会等相关方受益而达到长期成功的一种管理途径。

菲根堡姆首次提出了质量体系的问题，提出质量管理的主要任务是建立质量体系，这是一个全新的见解和理念，具有划时代的意义。

全面质量管理强调企业从上层管理人员到全体职工全员参加，把生产、技术、经营管理和统计方法等有机地结合起来，建立一整套完善的质量管理工作体系。这个体系涉及产品形成的全过程，如市场调查、研究、设计、试验、工艺、工装、原材料和外购件的合理供应、生产、计划、检查、行政管理和经营管理及销售和售后服务等环节，将用户使用中提出的意见和要求，作为企业改进和提高产品质量的依据。企业的宗旨是为用户提供物美价廉的产品和优质的服务。

全面质量管理的英文缩写早期是TQC（Total Quality Control），1995年日本发布了《TQM宣言》，主张用TQM取代TQC，其中M表示Management，更加突出了"管理"。从一定意义上讲，全面质量管理已经不再局限于质量职能领域，而演变为一套以质量为中心，综合的、全面的管理方式和管理理念。

目前，质量管理已进入世界性的质量管理标准化新阶段。国际标准化组织于1987年3月正式发布ISO 9000质量管理和质量保证标准系列。此后，经过1994年和2000年两次修改后，于2000年12月颁布2000年版ISO 9000族标准。我国等同采用2000年版ISO 9000族标准，2001年6月1日实施。从此，我国质量管理工作共同遵循国际标准化组织发布的一系列质量管理方面的国际标准，使世界性的质量管理又进入了一个崭新的阶段。

二、标准与标准化

质量管理与标准化有着密切的关系，标准化是质量管理的依据和基础，产品质量的形成，必须用一系列标准来控制和指导设计、生产和使用的全过程。因此，标准化活动贯穿于质量管理的始终。

（一）标准

1. 定义

为在一定的范围内获得最佳秩序，对活动或其结果规定共同的和反复使用的规则、导则或特性文件称为标准。该文件经协商一致制定并经一个公认机构的批准，其特殊性主要表现在以下五个方面：

1）它是经过公认机构批准的文件。例如，国际标准（ISO 标准）是经过国际标准化组织批准的标准，中华人民共和国国家标准（GB 标准）是由国务院标准化行政主管部门审批、编号并公布的标准。

2）它是根据科学、技术和经验成果制定的文件。

3）它是在兼顾各有关方面利益的基础上，经过协商一致而制定的文件。

4）它是可以重复和普遍应用的文件。

5）它是公众可以得到的文件。

2. 标准的分级

根据标准适用范围的不同，可将标准分为不同的级别。在国际范围内，有国际标准、区域标准和每个国家的标准。

（1）国际标准　国际标准是指由国际标准化团体通过有组织的合作和协商，制定并发布的标准。这一级标准在世界范围内适用，如国际标准化组织（ISO）、国际电工委员会（IEC）、国际电信联盟（ITU）和国际无线电咨询委员会（CCIR）等的标准。

（2）区域标准　区域标准指由区域性国家集团或标准化集团为维护其共同利益而制定并发布标准，如欧洲标准（EN）、欧洲标准化委员会（CEN）、欧洲电工标准化委员会（CENELEC）的标准。

（3）我国的标准　根据《中华人民共和国标准化法》规定，我国标准分为以下四级。

1）国家标准：需要在全国范围内统一的技术要求。强制性国家标准的代号为 GB，推荐性国家标准的代号为 GB/T。国家标准的编号由国家标准的代号、国家标准发布的顺序号和国家标准发布的年号三部分构成，如国家标准 GB/T 2018—2011《磁带录音机测量方法》。

2）行业标准：没有相关国家标准而又需要在全国某个行业范围内统一的技术要求。例如，SJ/T 11179—1998《收、录音机质量检验规则》就是中华人民共和国电子行业推荐标准。

3）地方标准：由省、自治区、直辖市的标准化主管机构批准、发布，在该行政区域内统一的标准。标准代号是"DB××/"，其中"××"为该行政区代码。

4）企业标准：由企业、事业单位自行批准发布的标准。企业标准代号是"Q/"。

国家鼓励积极采用国际标准。采用国际标准是我国一项重要的技术经济政策，采用国际标准分为等同采用（IDT）、等效采用（EQV）和参照采用（NEQ）。我国许多技术性标准参照采用国际标准。2000 年，我国等同采用 ISO 9000 标准系列（2000 版），国家标准编号为 GB/T 19000—2000 标准系列。

（4）其他国家标准 如日本工业标准（JIS）、德国工业标准（DIN）。

（二）标准化

1. 定义

为在一定的范围内获得最佳秩序，对实际或潜在的问题制定共同的、可以重复使用的规则的活动称为标准化。

2. 作用

标准化主要是制定标准、宣传贯彻标准、对标准的实施进行监督管理以及根据标准实施情况修订标准的过程。这个过程是一个不断循环、不断提高和不断发展的运动过程。每一个循环完成后，标准化的水平和效益就提高一步。

3. 企业标准化

企业标准化是指以提高经济效益为目标，以搞好生产、管理、技术和营销等各项工作为主要内容，制定、贯彻实施和管理维护标准的一种有组织活动。企业标准是企业组织生产、经营活动的依据，主要分为技术标准、管理标准和工作标准。

三、质量管理体系和 ISO 9000 族标准

1. 质量管理体系基本术语

质量管理体系：实施质量管理所需的组织结构、程序过程和资源。

1）过程：一组将输入转化为输出的相互关联或相互作用的活动。一个过程的输入通常是其他过程的输出。组织为了增值通常对过程进行策划并使其在受控条件下运行。

2）产品：过程的结果。产品的种类有以下四种。

① 服务（如运输）：是无形的，并且是在供方和顾客接触面上至少需要完成一项活动的结果。

② 软件（如计算机程序、字典）：由信息组成，通常是无形产品，并且可以方法、论文或程序的形式存在。

③ 硬件（如汽车、电视机）：是有形产品，其量具有计数的特性。

④ 流程性材料（如润滑油）：是有形产品，其量具有连续的特性。

3）程序：进行某项活动或过程所规定的途径。

4）组织：职责、权限和相互关系得到安排的一组人员及设施。

5）质量控制：质量管理的一部分，致力于满足质量要求。

6）合格（符合）：满足要求。

7）不合格（不符合）：未满足要求。

8）要求：明示的、通常隐含的或必须履行的需求或期望。

9）质量手册：规定组织质量管理体系的文件。质量手册是阐明一个组织的质量方针，并描述其质量体系的文件，是质量体系进行管理、审核或评价的依据，也是质量体系存在的依据。

10）记录：阐明所取得的结果或提供所完成活动的证据的文件。记录为可追溯性提供文件，并作为提供验证、预防措施和纠正措施的证据。

11）质量管理体系：在质量方面指挥和控制组织的管理体系。

2. TC176——质量管理和质量保证技术委员会

什么叫 TC176 呢？ TC176 即国际标准化组织中第 176 个技术委员会（TC），它成立于 1980 年，全称是质量保证技术委员会，1987 年又更名为质量管理和质量保证技术委员会。TC176 专门负责制定质量管理和质量保证技术的标准。我国于 1981 年参加这个组织，现已成为正式会员。

TC176 的职能： TC176 是国际标准化组织设立的，专门研究质量保证领域内标准化的问题，并负责制订质量体系的国际标准，指导世界性的质量管理工作。

标准的制定： 总结各国质量管理经验，经过各国质量管理专家的努力，制定出适应所有的不同类型和规模的组织和所有产品的标准——ISO 9000 质量管理和质量保证系列。

意义： ISO 9000 系列标准自发布后，已被世界大多数国家和地区采用，被各工业和经济部门所接受，使世界质量管理和质量保证活动有可能统一在 ISO 9000 系列标准的基础上。

TC176 的战略目标： 全世界通用性、当前一致性、未来一致性和未来适用性。

3. 1987 版 ISO 9000 标准系列简介

ISO 是世界上最大的国际标准化组织，它成立于 1947 年 2 月 23 日，它的前身是 1928 年成立的国际标准化协会国际联合会（ISA）。此外还有很多国际标准化组织，如 IEC，IEC 于 1906 年在英国伦敦成立，是世界上最早的国际标准化组织。IEC 主要负责电工、电子领域的标准化活动，而 ISO 负责除电工、电子领域之外的所有其他领域的标准化活动。

ISO 于 1987 年 3 月正式发布的 ISO 9000 ～ 9004 国际质量管理和质量保证系列标准（第一版）由以下五项标准组成：

ISO 9000《质量管理和质量保证标准——选择和使用指南》。

ISO 9001《质量体系——设计、开发、生产、安装和服务的质量保证模式》。

ISO 9002《质量体系——生产、安装和服务的质量保证模式》。

ISO 9003《质量体系——最终检验和试验的质量保证模式》。

ISO 9004《质量管理和质量体系要素——指南》。

4. GB/T 19000 标准系列的组成

GB/T 19000 质量管理和质量保证标准系列是我国 1992 年 10 月发布的质量管理国家标准，等同于 ISO 9000 质量管理和质量保证标准系列。GB/T 19000 标准系列是我国首次发布的推荐性管理标准。必须指出，此标准系列虽属于推荐性标准，但这并不意味着可以不执行该标准系列。在一定条件下，本标准系列的性质可以产生异化，即从推荐性转化为强制性。该标准系列由以下五项标准组成：

GB/T 19000《质量管理和质量保证标准——选择和使用指南》。

GB/T 19001《质量体系——设计、开发、生产、安装和服务的质量保证模式》。

GB/T 19002《质量体系——生产、安装和服务的质量保证模式》。

GB/T 19003《质量体系——最终检验和试验的质量保证模式》。

GB/T 19004《质量管理和质量体系要素——指南》。

这五项标准适用于产品开发、制造和使用单位，其基本原理、内容和方法具有一般指导意义，对各行业都有指导作用。

采用国际标准，是我国一项重要的技术经济政策。国际标准化组织和我国标准化管理部门规定，采用国际标准分等同采用、等效采用和参照采用三种。

等同采用是指技术内容完全相同、不做或稍做编辑性的修改。编辑性的修改不改变标准内容，按照 GB/T 1.1—2020《标准化工作导则 第 1 部分：标准化文件的结构和起草规则》和 GB/T 1.2—2020《标准化工作导则 第 2 部分：以 ISO/IEC 标准文件为基础的标准化文件起草规则》进行修改。等同采用俗称"换封面"，内容不变，用符号"≡"表示。

等效采用是指技术内容只有小的差异、编写不完全相同。技术内容小的差异是指结合各国实际情况所做的小的改动，而在国际标准中也可以被接受的差异，如在我国标准中不得不采用的条款等，用符号"="表示。

参照采用是指技术内容根据我国实际情况作了某些变动，但性能和质量水平与采用的国际标准相当，在通用互换、安全和卫生等方面与国际标准协调一致，用符号"≈"表示。

原国家技术监督局根据我国市场经济发展的情况决定等同采用 ISO 9000 标准系列，制定了 GB/T 19000 标准系列，对促进我国企业加速同国际市场接轨的步伐，提高企业质量管理水平，增强产品在国际市场上的竞争能力，都具有十分重大的意义。

5. 2000 版 ISO 9000 族标准（第三版）简介

（1）标准的结构 2000 版 ISO 9000 族标准的结构由五项标准、技术报告（TR）和小册子组成。五项标准的编号和名称是：

ISO 9000《质量管理体系 基础和术语》。

ISO 9001《质量管理体系 要求》。

ISO 9004《质量管理体系 业绩改进指南》。

ISO 19011《质量和环境管理体系审核指南》。

ISO 19012《测量控制系统》。

其中，ISO 9000、ISO 9001、ISO 9004 和 ISO 19011 共同构成了一组密切相关的质量管理体系标准，是 2000 版 ISO 9000 族的核心标准。

我国根据市场经济发展的情况决定等同采用 ISO 9000 族标准，制定了 GB/T 19000：2000 版标准系列。

（2）标准简介 ISO 9000 族是国际标准化组织在 1994 年提出的概念，它是指由 ISO/TC 176 制定的所有国际标准。该标准族可帮助组织实施并运行有效的质量管理体系，是质量管理体系通用的要求或指南。它不受具体的行业或经济部门的限制，可广泛适用于各种类型和规模的组织，在国内和国际贸易中促进相互理解。

2000 版 ISO 9000 族标准包括了以下一组密切相关的质量管理体系核心标准：

ISO 9000《质量管理体系 基础和术语》表述了质量管理体系基础知识，并规定质量管理体系术语。它取代了 ISO 8402—1994 和 ISO 9000—1994 部分内容。

　　ISO 9001《质量管理体系　要求》规定了质量管理体系要求，用于证实组织具有提供满足顾客要求和适用法规要求的产品的能力，目的在于增进顾客满意度。它取代了ISO 9001—1994、ISO 9002—1994和ISO 9003—1994。

　　ISO 9004《质量管理体系　业绩改进指南》提供了考虑质量管理体系的有效性和效率两方面的指南。该标准的目的是促进组织业绩改进和使顾客及其他相关方满意，它取代了ISO 9004.1—1994及其分标准中的部分内容。

　　ISO 19011《质量和环境管理体系审核指南》提供了审核质量和环境管理体系的指南。它取代1993版ISO 10011.1～3三个分标准及其1996版ISO 14010、ISO 14011和ISO 14012。

　　（3）2015版ISO9000标准　2000版ISO9000标准发布之后，TC176通过跟踪标准的使用情况，陆续进行了修订。

　　在2004年，委员会成员进行了一次正式的系统评审，并在2007年6月进行了一次修订。

　　在2008年12月30日ISO发布了一个2008版ISO 9001—2008《质量管理体系——要求》标准，标准于2009年3月1日实施。

　　最新的标准ISO 9001—2015于2015年9月23日发布，主要变化包含以下九个方面。

　　1）采用了通用的高层结构。为了与其他ISO管理体系标准保持一致，方便使用者实施多个ISO管理体系标准，新版标准采用了《ISO/IEC导则　第1部分ISO补充部分合订本　ISO专用程序》的附件SL（Supplement，补充）中给出的管理体系标准结构要求，这个结构被称为高层结构（High Level Structure），规定了通用的章节结构和具有核心定义的通用术语。

　　2）采用了基于风险的思维。将风险的思维用于ISO 9001标准，贯穿于组织的质量管理体系策划、建立、实施、保持和改进全过程，使组织能够确定可能导致过程和质量管理体系偏离策划结果的重要因素，及时控制，最大限度地降低不利影响，并利用出现的机遇。

　　3）减少规定性要求。新版标准将绩效的要求替代规定性要求，不再规定最高管理者应在组织的管理层中指定一名成员担任管理者代表，而是以分配类似的职责和权限来代替；强调对过程的管理，更重视过程而非文件，更重视绩效而非记录。通过基于风险思维的过程方法，在组织各个层级运用PDCA（指策划、实施、检查和处置）循环，以达成对过程和绩效的管理。

　　4）灵活的成文信息要求。新版标准统一将文件和记录改为成文信息。成文信息可用于沟通信息、提供证据，以证实哪些策划的事项已完成或知识分享。取消原版中"文件""形成文件的程序""质量手册"和"质量计划"等特定术语，在新版标准中表述的要求为"保持成文信息"。原版中使用"记录"这一术语表示提供符合要求的证据所需要的文件，在新版标准中的要求表述为"保留成文信息"。

　　5）提高对服务的适用性。新版标准定义的"产品"指在组织和顾客之间未发生任何交易的情况下，组织能够产生的输出。产品既包含硬件、流程性材料和软件等有形的主要要素，又包含"服务"等无形的要素。"服务"指至少有一项活动必须在组织和顾客之间进行的组织的输出。

6）更加强调组织环境。ISO 9001 新版标准增加了第 4 章组织环境的要求。组织环境是对组织建立和实现目标的方法有影响的内部和外部因素的组合。组织有其独特的内、外部生存环境，只有认清组织所处的环境，清晰组织的定位，才能抓住环境变化带来的机遇并经受与组织环境有关的风险考验。

7）增强对领导作用的要求。新版 ISO 9001 标准突出了领导在质量管理体系的不可替代的作用，更加强调最高领导者应对质量管理体系的有效性负责，以确保质量管理体系实现预期结果。

8）更加注重实现预期的过程结果以增强顾客满意度。新版标准更加强调了在建立、实施、保持和持续改进质量管理体系时应采用过程方法。组织应确定质量管理体系所需的过程及其在整个组织中的应用。

组织按照质量方针和战略方向，以目标为导向，对各过程及其相互作用系统地进行规定和管理，从而实现预期结果，增强顾客满意度。过程方法通过采用基于风险的思维和 PDCA 循环，对过程和体系进行系统管理和改进，旨在有效利用机遇并防止发生非预期结果。

9）确定质量管理体系边界。新版标准提出了质量管理体系边界的概念。组织在策划质量管理体系时应明确质量管理体系的边界，进而确定质量管理体系的范围。

除了上述九个方面的重大变化，与 2008 版标准相比，2015 版标准确定的质量管理原则发生了以下变化：将 2008 版标准中的"过程方法"和"管理的系统方法"合并为"过程方法"，将"全员参与"修改为"全员积极参与"，将"持续改进"修改为"改进"，将"基于事实的决策方法"修改为"循证决策"，将"与供方互利的关系"修改为"关系管理"，质量管理原则由八项变为七项。

（4）ISO 9001—2015 标准的质量管理原则

1）以顾客为关注焦点。组织依存于顾客，因此组织应当理解顾客当前和未来的需求，满足顾客要求并争取超越顾客期望。

2）领导作用。各层领导建立统一的宗旨和方向，并且创造全员参与的条件，以实现公司的质量目标。统一的宗旨和方向，以及全员参与，能够使公司将战略、方针、过程和资源保持一致，以实现其目标。

3）全员积极参与。整个公司内各级人员的胜任、授权和参与是提高公司创造和提供价值能力的必要条件。为高效管理公司，各级人员得到尊重并参与其中极其重要。通过授权、提高和表彰能力，促进全员参与实现公司质量目标。

4）过程方法。当活动被作为相互联系的功能连贯过程系统进行管理时，可更有效和高效地得到预期的结果。质量管理体系是由相互关联的过程所组成。理解体系是如何产生结果的，能够使公司尽可能完善体系和绩效。

5）改进。成功的公司持续关注改进。改进对于公司保持当前的绩效水平，对其内、外部条件的变化做出反应并创造新的机会都非常有必要。

6）循证决策。基于数据和信息的分析和评价的决策更有可能产生期望的结果。决策总是包含一些不确定因素。重要的是理解其因果关系和潜在的非预期后果。对事实、证据和数据的分析可以使决策更加客观，因而更有信心。

7）关系管理。为了持续成功，公司需要管理与相关方的关系。相关方影响公司的绩效，当公司管理尽可能地发挥相关方在公司绩效方面的作用时，持续成功更有可能实现。

（5）过程方法模式　所有组织应该用过程来达成他们的目标。

1）过程：用于将输入转化为预期结果的一组相互关联或相互作用的活动。

需要注意的是，输入和输出可以是有形的（如材料、部件或设备），也可以是无形的（如数据、信息或知识）。

2）过程方法结合基于风险的思维、PDCA 循环，包括建立组织的过程，使这些过程作为集成的和完整的体系来运行。

目的：实现预期结果。

方法：按照质量方针和战略方向，对各过程及其相互作用，系统地进行规定和管理。

结果：①理解并持续满足要求；②从增值的角度考虑过程；③获得有效的过程绩效；④在评价数据和信息的基础上改进过程。

（6）基于 PDCA 的质量管理体系　PDCA 是用于管理过程和体系的工具，PDCA 循环的含义是将质量管理分为四个阶段，即策划（Plan）、实施（Do）、检查（Check）和处置（Action），如图 6-10 所示。

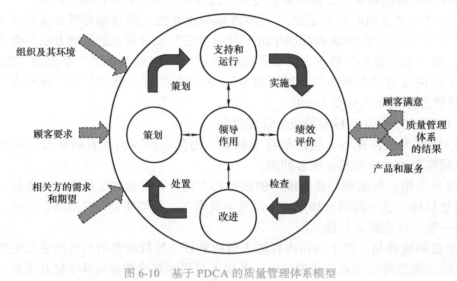

图 6-10　基于 PDCA 的质量管理体系模型

策划：为体系和过程的交付结果（"做什么"和"如何做"）设定目标。

实施：根据已知的信息，设计具体的方法、方案和计划布局；再根据设计和布局，进行具体运作，实现计划中的内容。

检查：总结执行计划的结果，分清哪些对了、哪些错了，明确效果，找出问题。

处置：对总结检查的结果进行处理，对成功的经验加以肯定，并予以标准化；对失败的教训也要总结，引起重视。对于没有解决的问题，应提交给下一个 PDCA 循环去解决。

以上四个过程不是运行一次就结束，而是周而复始的进行，一个循环完成，解决一些问题，未解决的问题进入下一个循环，这个阶梯式上升的过程称为 PDCA 循环。

PDCA 作为持续改进循环来运行，在每个阶段都贯穿风险意识。在质量管理活动中，PDCA 要求把各项工作按照目标做出计划、计划实施并检查实施效果，然后将成功的纳入标准。

四、实施 ISO 9000 标准系列的意义

（一）提高了企业质量管理水平

ISO 9000 标准系列是吸收和采纳了世界上许多经济发达国家质量管理实践经验，在我国实施质量管理和质量保证的科学标准。企业通过实施 ISO 9000 标准系列，建立健全质量体系，对提高企业的质量管理水平有着积极的推动作用。

（1）促进企业进行系统的质量管理　ISO 9000 标准系列，对产品质量形成全过程中的各种技术、管理和人员因素提出全面控制的要求，企业对照 ISO 9000 标准系列的要求，可以对原来的质量管理进行全面的审视、检查和补充，可以发现质量管理中的薄弱环节，尤其可以协调企业部门之间、工序之间及各项质量活动之间的接口，使企业的质量体系更为科学与完善。

（2）促进企业的超前管理　企业通过建立完善的质量体系，可以发现和识别现存和潜在的质量问题，针对这些问题，采取有效的控制措施，使各项质量活动按照希望的目标进行。企业的质量体系，应包括质量手册、程序文件、质量计划和质量记录等质量体系的整套文件，使各项质量活动按规律有序地开展，让企业员工在实施质量活动时有章可循，有法可依，减少质量管理工作中的盲目性。

总之，企业建立健全的质量体系，就是把影响质量的各方面因素组成一个有机的整体，实施超前管理，保证企业长期、稳定地生产合格的产品。

（3）促进企业的动态管理　为使质量体系充分发挥作用，企业在全面贯彻实施质量体系文件的基础上，还应定期开展质量体系的审核与评估工作，以便及时发现质量体系和产品质量的不足（即需要完善的地方），并且及时发现经营环境的变化、企业组织的变更和产品品种的更新等情况，对企业的质量体系提出新的要求，调整质量体系的组成要素和开展活动的内容，使之适应变化的环境和条件。这些都需要企业及时协调、监控，进行动态管理，才能保证质量体系的适应性和有效性。

（二）使质量管理与国际规范接轨

ISO 9000 标准系列被世界许多国家、地区和组织所采用，成为在各国（地区）贸易交往中需方对供方质量保证能力评价的依据，或者作为第三方对企业的技术管理能力认证的依据。所以，按照 ISO 9000 标准系列的要求建立相应的质量体系，积极开展第三方的质量认证，已成为全球企业的共同认识和全球性的趋势。因此，国内企业大力实施 ISO 9000 标准系列，建立健全的质量体系，积极开展第三方质量认证，使我国质量管理与国际规范接轨，对提高我国的企业管理水平和产品的竞争能力，具有极其重要的战略意义。

（三）有利于提高产品的竞争能力

企业的技术能力和管理水平决定了产品的质量。一旦企业的产品和质量体系通过了国际上公认机构的认证，不仅可以在产品上贴上认证标记，而且可以在广告中宣传该企业的管理和技术水平。所以，产品的认证标记和质量体系的注册证书，将成为企业最有说服力的形象广告，经过认证的产品必然成为消费者争先选购的对象。通过认证的企业名称将出现在认证机构的有关资料中，必然将企业的国际知名度大大提高，使购货机构对被认证的企业的技术、质量和管理能力产生信任，对产品予以优先选购。有些国家还对经过权威机构认证的产品给予免检、减免税率等优惠待遇，因而大大提高了产品在国际市场上的竞争能力。认证的结果往往促使销售量增加和赢利上升。

（四）消费者的合法权益得到保护

消费者的合法权益、社会与国家安全等，都同企业的技术和管理的保证能力息息相关。即使产品按照技术规范进行生产，但当规范本身不完善或生产企业本身的质量体系不健全时，产品也就无法达到规定或潜在的需要，发生质量事故的可能性还是很大的。因此，贯彻 ISO 9000 标准系列，企业建立相应的质量体系，稳定地生产满足需要的产品，无疑是对消费者乃至整个人类利益的一种实实在在的保护。

本章小结

本章介绍了三个方面的内容：电子产品的调试、检验、质量管理及 ISO 9000 标准系列。

电子产品的调试分单元部件调试和整机调试。调试的目的是使电子产品达到规定的各项指标，实现预定功能，以确保电子产品的质量。

单元部件调试的工艺流程为：外观检查→静态测试与调整→动态测试与调整→性能综合指标测试。

整机调试的工艺流程为：整机外观检查→整机内部结构检查→整机功耗测试→整机统调→整机技术指标测试。

电子产品的检验介绍了检验的概念和电子产品检验的工艺。电子产品的检验包括元器件检验工艺、装配过程检验工艺和整机检验工艺。为了保证产品质量，生产过程中一般采用自检、互检和专职检验相结合的方式。产品的检验包括全数检验和抽样检验两种。

ISO 9000 质量管理和质量保证标准由 ISO 9000、ISO 9001、ISO 9004、ISO 19011 和 ISO 19012 五项标准组成。实施 ISO 9000 族标准有利于提高企业质量管理水平，使质量管理与国际规范接轨，提高产品的竞争能力以及保护用户的合法权利。GB/T 19000 质量管理和质量保证标准系列是我国的质量管理国家标准，等同于 ISO 9000 标准系列。

习　题　六

1. 电子产品进行调试的目的是什么？其主要内容包括什么？
2. 整机调试的一般程序是什么？
3. 电子产品检验的工艺流程是什么？
4. 全数检验和抽样检验的定义是什么？
5. 具体叙述一下蓝牙调音功效的调试步骤。
6. 进行整机调试前，测量电源接口各线间电阻有什么作用？
7. PDCA 循环的含义是什么？
8. 实施 ISO 9000 标准系列有哪些意义？
9. 我国的质量管理标准主要包括哪几个？

参 考 文 献

［1］ 梁定泉．电子整机装配工艺与技能训练［M］．北京：北京理工大学出版社，2009.
［2］ 黄纯．电子产品工艺［M］．北京：电子工业出版社，2007.
［3］ 郭永贞，陈国防．电子实习教程［M］．北京：机械工业出版社，2002.
［4］ 王卫平，陈粟宋，肖文平．电子产品制造工艺［M］．2版．北京：高等教育出版社，2011.
［5］ 何丽梅，陈玲玲，程刚．SMT：表面组装技术［M］．2版．北京：机械工业出版社，2013.
［6］ 刘豫东，李春雷，曹德跃．电子产品检验［M］．北京：高等教育出版社，2009.
［7］ 菅沼克昭．无铅焊接技术［M］．宁晓山，译．北京：科学出版社，2004.
［8］ 谢龙汉，鲁力，张桂东．Altium Designer 原理图与 PCB 设计及仿真［M］．北京：电子工业出版社，2012.
［9］ 费小平．电子整机装配工艺［M］．北京：电子工业出版社，2007.